编写人员名单

主　编　　楼晓钦　汪泽鹏　李志刚

编　委　　刘　鹏　俞立民　王继飞　陈志林　侯晓巍　梁咏亮　梁　军　冯学军

　　　　　何　鑫　杨　刚　潘永祥　翟　昊　王　东

宁夏贺兰山森林资源

主 编◎楼晓钦 汪泽鹏 李志刚

黄河出版传媒集团
阳光出版社

图书在版编目（CIP）数据

宁夏贺兰山森林资源 / 楼小钦，王泽鹏，李志刚主编. --
银川：阳光出版社，2012.8
ISBN 978-7-5525-0327-2

Ⅰ.①宁… Ⅱ.①楼… ②王… ③李… Ⅲ.①贺兰山－森
林资源 Ⅳ.①S757.2

中国版本图书馆CIP数据核字(2012)第188581号

宁夏贺兰山森林资源　　　　　　　　　楼小钦　王泽鹏　李志刚　主编

责任编辑　王　燕　马　晖
封面设计　赵　倩　石　磊
责任印制　郭迅生

黄河出版传媒集团
阳　光　出　版　社　出版发行

地　　址　银川市北京东路139号出版大厦（750001）
网　　址　www.yrpubm.com
网上书店　www.hh-book.com
电子信箱　yanyanw46@yahoo.com.cn
邮购电话　0951-5014124
经　　销　全国新华书店
印刷装订　宁夏润丰源印业有限公司
印刷委托书号　（宁)0012638

开　　本　787mm×1092mm　1/16
印　　张　8.25
字　　数　180千
版　　次　2012年9月第1版
印　　次　2012年9月第1次印刷
书　　号　ISBN 978-7-5525-0327-2/S·64

定　　价　36.00元

宁夏贺兰山自然保护区森林资源图鉴

■ 针阔混交林

■ 云杉林

■ 油松林

天然林更新

灰榆林

山杨林

■ 小叶朴

■ 四合木

■ 丁香

■ 蒙古扁桃

■ 沙冬青

■ 柳叶鼠李

■ 鬼箭锦鸡儿

■ 叉子圆柏

■ 银露梅

■ 虎榛子

■ 红砂

■ 樱桃

序

　　森林是人类文明的摇篮，是陆地生态系统的主体。长期社会实践历史性地验证了其对社会发展、人类进步所体现的无可替代的生态价值和巨大作用。历史上人们自觉或不自觉的错误行为导致了森林资源的严重破坏，付出的代价是遭受大自然的惩罚。一个国家、一个地区森林存在的多少、质量的高低，是衡量一个地区生态状况的重要指标。作为国家自然资源的重要组成部分，保护森林资源，既是全社会共同的责任，也是国民经济发展、人民生活条件改善、社会文明昌盛的物质基础。

　　贺兰山是我国西北地区的一座名山，宁夏的一座圣山。它以其庞大的身躯纵峙于银川平原和阿拉善大漠之间，高耸的山峰和幽深的峡谷之间错落有致地散布着各类乔灌次生林，是宁夏保存较完整的重点天然林区之一。这一天然屏障历史地承担着阻挡沙漠东侵，护卫银川平原绿洲安全的责任。说它是一座圣山，亦因其年代久远的古生物遗址、古寺庙遗址遍布和类型多样、色彩丰富的森林景观而名扬中外，峰峦叠嶂间也留有从历史长河中保留下来的生活印记。

　　贺兰山因其特殊的区位使其成为我国西部重要的气候和植被分界线，特殊的地理环境塑造了其独特的生物类群，是戈壁荒漠乃至整个亚洲荒漠区特有植物集中分布区。自建立保护区，特别是1988年5月国务院批准宁夏贺兰山为国家级自然保护区以来，经全体林业职工艰苦卓绝地不懈努力，贺兰山自然资源保护管理工作卓有成效，野生动植物资源得到有效保护，存量明显上升,科学考察资料逐步充实完善,已成为区内外科研教学重要基地。2006年10月被国家林业局列为首批全国林业系统示范自然保护区,1995年加入中国人与生物圈网络。据统计,贺兰山有高等植物800多种,有脊椎动物218种,其中国家级保护动物40多种。贺兰山是典型的温带草原与荒漠的过渡地带,对研究半干旱地区植被发展、演替及恢复生态系统的良性循环有重要价值。

21世纪,林业和生态建设面临的任务更加艰巨,贺兰山是宁夏引黄灌区的生态安全屏障,承担着改善本区域生态状况、维护国土生态安全的重任,实现贺兰山森林资源保护与发展的战略目标,协调经济发展与人口、资源、环境的关系,达到人与自然的和谐相处,是宁夏人民对务林人的殷切希望,更是全体贺兰山务林人的历史使命。《宁夏贺兰山森林资源》是贺兰山国家级自然保护区第二次综合考察系列之一,本书以贺兰山最新的森林资源规划设计调查数据为基础,同时对历年来的调查数据进行分析,翔实地论述了贺兰山森林资源的自然地理环境、历史演变和现实状况以及森林资源保护与发展的目标和措施等。这部著作的出版,凝聚了一批奋斗在科研、生产第一线林业工作者的心血,对了解贺兰山森林资源保护与发展情况,更深入广泛开展科研教学、科普宣传活动有所裨益。

2012年3月银川

(本序作者系宁夏林业局原宁夏林业厅厅长)

前　言

　　贺兰山是宁夏森林面积和类型分布较多的地区之一。其森林资源对维护宁夏平原生态平衡和保护生物多样性具有极其重要的意义。宁夏贺兰山国家级自然保护区面积 193 535.68hm²，占宁夏国土总面积的 3.73%。其中，森林面积 27 609.0hm²，森林覆盖率 14.3%，活立木总蓄积 132.07m³，占宁夏活立木总蓄积的 4.7%。

　　贺兰山森林资源保护与发展经历了艰难曲折的历程。新中国成立前，饱受战争和自然灾害的长期影响，森林资源特别是天然林资源被大量采伐利用，遭受严重破坏，森林质量下降，生态状况日趋恶化，到 1949 年森林覆盖率仅为 11.5%，活立木总蓄积 53.8 万 m³。新中国成立后，从 20 世纪 50 年代初期到 70 年代末，贺兰山林业经营的指导方针是"普遍护林护山，大力封山育林，合理采伐利用木材"，森林资源的开发利用为宁夏国民经济的恢复、建设和发展作出了巨大贡献。从 20 世纪 70 年代末期到 90 年代后期，中国国民经济逐步进入良性发展的轨道，森林资源保护与发展也随着国家经济建设的需要发生了变化，贺兰山在"以营林为基础，普遍护林，大力造林，采育结合，永续利用"方针的指导下，林业经营从木材利用为主转变为森林生态保护为主，同时兼顾生态建设，在满足生产、生活和国家经济建设需求的同时，实行森林采伐限额制度，加大天然林培育力度，森林资源逐步得到了有效保护与发展，步入了较快增长时期。进入新世纪，在全面建设小康社会的新形势下，国内经济不断增长对林业的多样化需求与落后的林业生产力之间的矛盾日益突出，林业不仅要满足社会对木材等林产品需求，更要承担改善生态状况、维护国土生态安全的重任。林业建设以六大林业重点工程实施为标志，确立了以生态建设为主的林业发展战略。贺兰山森林资源保护与发展坚持"严格保护，积极发展，科学经营，持续利用"的战略方针,推进实施森林生态效益补偿制度,逐步实行林业分类经营管理体制,加大了森林培育和管护力度,森林资源进入了快速增长的新阶段。根据宁夏贺兰山国家级自然保护区管理局2006年森林资源规划设计调查结果,森林面积和蓄积稳步增长,森林资源质量持续下降的局面初步扭转。

贺兰山自然条件独特,有高等植物800多种,有脊椎动物218种,是典型的温带草原与荒漠的过渡地带,对研究半干旱地区植被发展、演替及恢复生态系统的良性循环有重要价值。鉴于此,1949年,宁夏省政府建设厅就在贺兰山成立了林业保护机构;1982年,宁夏回族自治区政府批准建立贺兰山区级自然保护区;1988年5月9日,国务院批准贺兰山为国家级森林和野生动物类型自然保护区,贺兰山的自然环境和资源保护工作步入了依法保护和快速发展的新时期。

新中国成立60多年来,宁夏贺兰山国家级自然保护区管理局始终将资源保护管理及防火工作作为第一要务,始终把保护和培育森林资源作为改善自然生态状况的重要任务来抓,为改善贺兰山生态状况作出了重大贡献。根据贺兰山的自然地理和气候特点,不断加大封山育林力度,一代又一代"贺兰山人"为了保护贺兰山的自然环境和自然资源,为了把贺兰山建设成人与自然和谐相处的生态乐园,他们常年坚守在贺兰山上,顶酷暑冒严寒,不怕苦不怕累,为贺兰山的生态建设事业贡献了青春和才华,对贺兰山森林资源的保护与发展起到了巨大作用。

当前,森林资源的保护与发展状况成为人们关注的焦点和热点。《宁夏贺兰山森林资源》将宁夏贺兰山历次森林资源调查作为基础数据进行分析,阐述了贺兰山森林在宁夏的重要地位和作用,并就今后的发展提出了作者的观点;从现实区情和林情出发,宏观评价了森林资源生长发育的自然、气候、社会环境,系统地阐述了森林资源的演变、数量、质量和分布,分析了森林资源保护与发展的形势,并提出了具体的目标和措施。它将为区内外读者提供一个了解贺兰山森林资源历史、现状的窗口,也是广大林业工作者的一部重要参考文献。由于本书内容丰富,且编写人员水平所限,不足和疏漏之处在所难免,竭诚希望广大读者不吝指正。

编　者

2012年3月银川

目　录

第一章 自然环境

自然环境俗称自然条件,包括阳光、大气、水、岩石、土地、生物等,这些都是人类生存的必然条件,离开这些条件,人类社会就无法延续。自然环境对森林的生长发育和地域分布起着十分重要的作用。影响森林植被类型地理分布宏观格局的自然环境因素是受大气降水制约的水分条件、由大气温度作度量标准的热量条件以及地形地貌、地质土壤等诸多因素的综合。随着地形地貌、海拔高度的变化,水热条件就会重新分配,形成山地森林的垂直地带性分布。

贺兰山是宁夏现存的三大天然次生林区之一。海拔2 000 m以上的山峰连绵不断,有茂密的森林,众多的动植物种类,完整的地质剖面,丰富的古生物化石。贺兰山是干旱半干旱地区具有代表性的自然综合体和较完整的自然生态系统。她像一座绿色的天然屏障,阻挡着内蒙古高原风沙和寒流的东进,保护着银川平原农田和人民的生产、工作和生活,造就了银川平原"塞上江南"的胜景。

第一节 地理位置

一、贺兰山

贺兰山位于宁夏回族自治区西北边界,坐落于宁夏回族自治区和内蒙古自治区交界处,距首府银川市正西方约40 km。山体主脉由西南向东北延伸,是我国重要的南北向山地之一。分水岭以西为内蒙古地界,连接阿拉善高原;以东为宁夏地界,连接银川平原。贺兰山绵延200余km,宽20~40 km。山地海拔2 000~3 000 m,共有大小山峰46个,其中海拔3 000 m以上的有20个,主峰敖包圪垯海拔3 556.1 m,其地理坐标为北纬38°21′~39°22′,东经105°49′~106°42′。

贺兰山是北温带草原向荒漠过渡的地带,属阴山山系。主要由变质岩组成。按山势可分为北、中、南三段。北段在石嘴山市境内,海拔不超过2 000 m,山体较宽,达40 km。山中植

1

被较差,只有灰榆、蒙古扁桃等小片灌木或零星树木,蕴藏有煤、石灰岩、白云岩、石英砂岩等,尤以太西煤享誉国内外;中段在银川市境内,峭崖危耸,树木葱郁,海拔 3 000 m 以上的峻峰均集中于此。该段植被丰富,自下而上垂直分布有山地草原带、山地疏林草原带、山地针叶林带、亚高山灌丛、草甸带,树种有油松、青海云杉、山杨、白桦、山柳、杜松、灰榆等。林区内出没有岩羊、马鹿、马麝、蒙古兔、蓝马鸡、石鸡等野生动物;南段在青铜峡市境内,山势低矮,海拔 1 500~1 600 m,基岩裸露,山坡、沟谷部分被沙漠侵盖,林木少见。

贺兰山分水岭偏于山体东侧,顶面较平坦,两坡斜面不对称,西坡长而缓,沟谷比降小,逐渐过渡到阿拉善高原;东坡短而陡,沟谷比降大,陡峭雄伟,蔚为壮观,急跌而下,直落 2 000 余 m 达于银川平原。高大的山体似一条坚实的屏障,削弱了西伯利亚冷气流,阻截了腾格里沙漠的东侵,挡住了从海洋方面自东向西输入的湿润气流,隔离了潮湿东南季风的西进,是"塞上江南"银川平原的生态屏障。

二、贺兰山自然保护区

宁夏回族自治区人民政府历来重视贺兰山的自然保护工作。由于贺兰山西临腾格里沙漠,北连乌兰布和沙漠,东望毛乌素沙地,贺兰山实际在沙漠和沙地环抱中发育成的天然森林植被,成为我国风沙干旱森林生态系统的典型代表地带,具有很高的保护价值。因此,1950 年宁夏人民政府通令贺兰山、罗山天然林保育暂行办法,提出禁牧、禁伐、禁猎。1956 年全国第一届人大通过竺可桢、陈焕镛等科学家的提案,划定了全国 315 个自然保护区,贺兰山名列其中。1982 年 7 月 1 日,宁夏四届人大第四次会议通过《宁夏天然林区管理保护办法》,把贺兰山划定为区级自然保护区。1983 年全国自然保护区新疆会议通过并报请国务院批准,把贺兰山划为全国 54 个重点自然保护区之一。1990 年 8 月原国家林业部批准《贺兰山国家级自然保护区设计任务书》,确定了保护区的经营范围:南起永宁县境内的三关口,北至石嘴山市境内的苦水沟(《宁夏林业志》作"枯水沟"),东起山麓脚下,西至宁夏与内蒙古交界的分水岭(山脊制高点)。呈北偏东、南偏西走向。南北长约 110 km,东西平均宽 15 km,总面积 1 578 km²。

2003 年 8 月,经国务院批准,贺兰山国家级自然保护区调整扩界,扩界后的范围:南起银川—巴彦浩特公路(银巴公路),西北依宁夏与内蒙古行政区划,东到西夏王陵,西北煤机总厂及石谊甲和三柳高压线,扩界后总面积为 2 062.66 km²。包括了宁夏贺兰山的主要地段和部分山前洪积扇(斑子麻黄生境),但不包括石炭井、汝箕沟二矿区及其进出通道。2011年,根据宁夏经济的发展国务院批准了贺兰山国家级自然保护区界线调整方案,调整后贺兰山国家级自然保护区总土地面积 1 935.36 km²。

宁夏贺兰山国家级自然保护区管理局设在银川市西夏区西部的高家闸,为县处级事业单位,直属宁夏回族自治区林业局领导。基于保护现有的森林资源,拯救濒危物种,维护和稳定现存的生态综合体,将贺兰山定为国家级自然保护区有着深远的意义。从保存自然和文化遗产、保护生物多样性合理开发利用自然资源、发展宁夏经济的角度来看,贺兰山具有不可替代的地位和重要作用。

第二节 地质地貌

一、地质

贺兰山是一座形成较晚却有悠久地质历史的山体。地层除青白口系、志留系、泥盆系外,其余发育比较齐全。太古界和中新元古界的片麻岩、变质碎屑岩和石英岩主要出在贺兰山北段和中段的南部。下古生界寒武系、奥陶系的石灰岩、砂岩、页岩发育良好,分布广。上古生界则以石炭系与二叠系同等发育为特点,以页岩、砂岩为主,并含有煤层。中生界三叠系广泛分布在北部,侏罗系次之,前者以紫红色砂岩、砾岩、页岩为主,为构成贺兰山中段北部山体的主要地层之一,后者以各种灰色页岩、砂岩为主,是产煤的主要地层之一,白垩系和第三系都不发育。在山前地带和山间低地广泛分布着第四系冲、洪积物、风积物和山麓堆积物。

二、地貌

贺兰山在地貌形态上呈东仰西倾,形成东坡有众多古老岩层出露的断崖,岩石壁立,远比西坡陡峭险峻。贺兰山地形,因受地质构造、干燥剥蚀和流水侵蚀的影响,形成山体突兀、高低悬殊、岭谷相间、山壁陡峭、沟谷深切、地面破碎的特点。自山麓苏峪口 1 400 m 至最高峰敖包圪垯 3 556.1 m,相差 2 100 m。岭谷多,而且与分水岭垂直,呈东南向羽状平行排列,仅贺兰山中段即有主要沟谷 30 余条,地貌十分特殊。

贺兰山地貌属于第三级,即地貌基本形态成因类型。它是一条较典型的拉张或剪切拉张型块断山地。由于地势较高,引起外力地质作用的垂直分带,自下而上可分为干燥剥蚀山地、流水侵蚀山地和寒冻分化山地 3 个 4 级类型。每一个 4 级地貌类型,又根据组成物质的不同,分为若干个 5 级地貌类型。

1. 干燥剥蚀山地

该地貌单元(海拔 1 500~2 000 m)内,基岩裸露,年降雨量约 200 mm,物理风化强烈,岩石的残坡积碎屑发育。沟谷宽缓,纵坡降值较小,切割深度500~800 m。碎屑岩山地呈梳状,碳酸盐岩山脊多为锯齿状。小口子—黄旗口—拜寺口一带之花岗岩区山脊则呈浑圆状。

2. 流水侵蚀山地

海拔2 000~3 000 m范围内,是贺兰山次生天然林的主要分布地区。年降雨量一般达420 mm,流水侵蚀强烈。山坡陡峻,沟谷呈"V"字型,切割深度达500~1 000 m间,峡谷幽深,纵坡降值大。

3. 寒冻风化山地

其特点是海拔高3 000~3 500 m,寒冻风化强烈,冰融现象明显。每年11月至翌年4月处于积雪冰冻期。沟谷切割深度在500 m左右,纵坡降值大。根据物质成分可划分为碎屑岩构成的寒冻风化山地和碳酸盐岩构成的寒冻风化山地两种类型。前者山体由砾岩、砂岩及少许页岩构成,山脊呈梳状;后者山体由石灰岩、白云岩及其过渡型岩石构成,多呈锯齿状山脊。当岩层倾向与坡向一致时,多呈直线状或突状山坡,相反时,则为悬崖峭壁,且屡见倒石堆。

4. 山前洪积倾斜平原–洪积扇、洪积裙

贺兰山东坡沟道发育明显,多数自西而东延伸,呈梳状分布。共有大小沟道180余条。其中三关至苦水沟之间有主要沟道21条。具代表性的有三关口、榆树沟、甘沟、大口子沟、黄旗口沟、拜寺口沟、苏峪口沟、贺兰口沟、插旗口沟、大水沟、汝箕口沟、大峰沟、龟头沟、石炭井沟、大武口沟、苦水沟等。皆系黄河水系的外流区。其中最大者为大武口沟,集水面积为574 km²。沟道一般在中、上部下切割较深,呈"V"字型,沟道部则较为宽阔砾石遍布沟底。每当山洪暴发,迅猛异常。洪水裹挟着大量砂石,咆哮如雷,滚滚向前;横冲直撞,一路狂奔,势不可挡。当它冲出山口,地形豁然开阔,能量骤然释放,山洪变成了辫状散流,它再也无力携带砂石,遂有次序地由大至小,由粗到细,逐渐停积下来。它在山前构成一个扇状体,因系洪积成因,故称"洪积扇"。许多洪积扇连接起来便构成"洪积裙"。

贺兰山东麓山前由洪积扇、洪积裙构成的洪积倾斜平原十分发育。自花布山至插旗口一带,宽达15~25 km,暖泉以北变窄,仅有4~8 km。构成洪积扇之洪积物十分典型,每一个沟谷,自沟口向外,分为三个相带,彼此平行,逐渐过渡。扇顶,地面倾斜5~7度,坎坷不平,巨砾累累,草木罕见,荒无生机;中部,地面倾斜3度左右,散布于扇状沟岔,沙砾混杂,植物稀疏;前缘,以砂、沙质黏土为主,地势平坦,间有洼地,或成沼泽,或为龟裂盐碱地这些由第四系构成的洪积扇之年龄为距今200万年至现代。

第三节 水热条件

水热条件与气候变化密切相关,是一个地区气候特征的重要反映。贺兰山属西北大陆气候区,致使冬夏两季的平均气温与同纬度地区差异较大。冬季气温低于同纬度地区,夏季气温高于同纬度地区,温差较大。

一、气 候

贺兰山地处宁夏西北部,属中温带干旱气候区,具有典型的大陆性季风气候特点。冬季受蒙古冷高压控制,寒冷而漫长,夏季炎热而短暂,春季气温回升快,大风及沙尘天气频繁,秋季凉爽。无霜期短,终年雨雪稀少,气候干燥,日照时间长,大雾天气多。据贺兰山高山气象站 30 年(1961~1990 年)的观测资料记载,贺兰山年平均气温为 -0.7 ℃,极端最高气温为 25.4 ℃,极端最低气温为 -32.6 ℃。年平均降水量为 418.1 mm,降水日数为 94 天,大雨(日降水量大于等于 25 mm)以上的降水日数平均为 2.6 天,一日最大降水量达 211.5 mm。降水的季节变化大,平均 6 ~9 月降水量达 260.2 mm,占全年降水量的 62%,是一年中降水量最集中、降水次数最多的时期,也是该地区山洪、泥石流及山体滑坡等地质灾害多发期。贺兰山区春季风大沙多,年平均风速为 7.5 m/s,大风日数达 157.7 天,最大风速为 38.7 m/s,全年主导风向为西北偏西风,出现频率为 29%,其中冬、春、秋三季的主导风向均为西北偏西风,夏季主导风向转为东南偏东风。年平均沙尘暴天气日数为 2.2 天,日照时数为 3 022.8 小时、无霜期为 117.7 天,初霜日出现在 9 月 8 日前后,终霜日出现在 5 月 12 日前后。贺兰山区出现雾及雷暴天气的日数明显高于平原地区,年平均雾日数达到 88.7 天,雷暴日数达到 22.3 天。贺兰山由于山势陡峭、地形复杂,山地气候特点明显。

二、水 文

贺兰山东麓水系属黄河水系黄河上游下段宁夏黄河左岸分区,东麓有大小沟道 67 条,多数沟道为季节性河流,植被较好的沟道常流水径流深可达 20 mm。流域面积大于 50 km² 的沟道有 13 条,大武口沟是贺兰山区最大的河流,流域面积 574 km²。沿山的所有沟道出口海拔高程 1 300 m 以上,受地形地貌及气候影响,沟道水流具有暴涨暴落特性。东麓区境内,年平均降水量 255.6 mm,其中山地 426 mm,坡地 180.5 mm。每年 11 月至次年 3 月,降水较少,一般占 20%。降水主要集中在汛期 6 月至 9 月,分布的特点是海拔越高,分配越均匀,中段 2 000 m 以上的林区,占降水量的 60%~70%,以下至洪积扇地,占降水量的 70%~75%。大武口地区及其以北占 80% 左右。大气降水除部分以地表径流流出山区外,还有部分补给了基岩的地下水,赋存于风化裂隙带内或渗入层状裂隙带。地下水受大气降水的渗入补给,经短途运移,以侵蚀下降泉和接触泉的形式出露于地表,并沿沟谷流至山前洪积扇顶部即转入地下。

贺兰山的土壤含水量因植被状况不同而有很大变化。植被覆盖度最好的中段插旗口沟平均含水量为 10.4%,以此向北和向南呈递减趋势。贺兰山暴雨通常发生在 7~8 月,暴雨期常常出现洪水,大面积发洪水的情况较少,局部地区或沟道发生的较多,一般系峰高量小,历时短,涨落急剧。

贺兰山东坡大多数沟道,特别在中段,沟道水质很好,pH 值 7.5 左右,矿化度不高,为轻度软水或适度硬水,适宜饮用。北段沟道水质状况复杂,除少量可饮用外,大部分沟道或区段水质差,仅可供林牧业和农田灌溉用。

根据区域水文地质普查报告,在贺兰山中段(插旗口—大武口)的含水岩层主要由侏罗纪与三叠系构成,岩性多为厚层砂岩或砂岩与泥岩互层,地下水类型为裂隙孔隙层间水,地下水多以下降泉的形式出露,泉水流量变化大。在贺兰山北段石炭井矿区、中段苏峪口沟等处有寒武奥陶系灰岩分布,岩溶发育地段富水性较好,岩溶水以泉水形式出露,泉水流量变化大。贺兰山的风化裂隙水的分布主要受地形和岩性的控制,含水层厚度不大,大多就地补给、就地排泄,多以下降泉的形式排泄到沟谷,单泉流量一般小于每天 50 m³。

第四节 土壤条件

宁夏贺兰山自然保护区地形复杂,植被多样。因此,土壤类型也较复杂,可划分为高山土纲、半淋溶土纲、干旱土纲、初育土纲、钙层土纲和漠土纲 6 个土纲,其下属 9 个土类 14 个亚类和 30 个土属。9 个土类分别为高山与亚高山草甸土、灰褐土、栗钙土、棕钙土、灰钙土、新积土、石质土、粗骨土和灰漠土。保护区土壤,特别是中段具有明显的垂直分异,阳坡从下到上大致为山前灰漠土、山麓棕钙土、新积土、粗骨土、栗钙土、亚高山、高山灌丛草甸土;阴坡大致表现为山前灰漠土、山麓棕钙土、山地灰褐土、亚高山、高山灌丛草甸土。从大的土壤带可简化为棕钙土、灰褐土、亚高山、高山灌丛草甸土 3 个带。

一、高山、亚高山草甸土

高山、亚高山草甸土是发育在高山、亚高山条件下的一种土壤,分布于贺兰山垂直带最上部。土壤带宽约 500 m,集中分布在 3 000 m 以上主峰附近,面积较小,地势陡峻,地表多巨石,局部地块有岛状或斑块状的蒿草草甸,而石质陡坡常由鬼箭锦鸡儿、高山柳形成高寒灌丛。由于所在地境气候寒冷,植物生长期仅 70~90 天,从 10 月上旬至次年 5 月下旬皆为积雪期。降水量达 500 mm 左右,土壤较湿润,生物作用主要为粗腐殖质的积累过程和冻融交替的氧化还原过程。在高山草甸下腐殖质层平均 15 cm,为棕色的草根层,植物根系密布盘结而具韧性。质地为壤质,中下层变粗。pH 值随土层加深而增加,到下部又减少。盐基代换总量较高,为25.27ml/100g。在高山灌丛下,除土层较薄外,有时有岩石裸露,但土壤理化性状与高山草甸近同。

二、灰褐土

灰褐土为温带半湿润气候条件下由森林、灌丛植被发育的一种土壤。在贺兰山中山带的山地云杉林、山地油松林及几种中生灌丛下,形成了山地灰褐土,在海拔 1 900~3 000 m 间形成垂直带土壤。上界与高山、亚高山草甸土相接,下界为棕钙土。山地灰褐土的形成条件受山地垂直带气候影响,降水量 300~450 mm,气候湿润,地表通常有 5~10 cm 枯枝落叶层,在山地云杉林下有明显的苔藓地被物,腐殖质层厚度 25~30 cm。根据灰褐土的淋溶作用的强弱和游离碳酸钙的有无,宁夏贺兰山山地可分普通灰褐土、泥炭灰褐土及石灰性灰褐土 3 个亚类。

三、栗钙土

栗钙土是发育在温带半干旱气候干草原植被下,具有栗色腐殖质层、明显钙积层的地带性土壤。宁夏贺兰山自然保护区栗钙土主要分布于海拔 1 600 ~1 900 m(阴坡)和2 000 m(阳坡)的山麓。其上物种有克氏针茅,甘青针茅等。栗钙土剖面是由栗色腐殖质层、灰白色碳酸钙淀积层和母质层组成。土体厚 40~120 cm,腐殖质层厚 13~30 cm,平均为 22 cm,暗灰棕色(5YR4/4)、灰黄棕色(10YR5/2)或淡棕色(7.5YR5/6),粒状或团块状结构,质地为沙壤土、壤质沙土或沙质黏壤土,稍紧,有大量根系分布,层次过渡明显。钙积层厚 30~50 cm,平均 41 cm,暗灰黄色(2.5YR5/2)或灰白色(5YR7/1),质地砂质黏壤土、壤质黏土或黏壤土,紧实,根系很多。根据采集土样的室内分析,栗钙土土壤酸碱度(pH)随土层厚度变化,表层土 pH 值 7.0~7.5,亚表层到心底土 pH 值增高到 8.0~8.2,有的剖面心土 pH 值达 8.4。土壤有机质及矿物养分含量,土层上下差异明显,据室内分析化验,有机质层的有机质含量 3.6%,有的高达 9%以上;底土层有机质含量 1%左右;底土层中除全钾含量与表土相差无几外。

四、棕钙土

棕钙土是草原向荒漠过渡的一种地带性土壤,在自然地理上包括荒漠草原和草原化荒漠两个植被亚带。保护区受贺兰山山地垂直带的影响,属山地棕钙土性质。由于贺兰山基带为草原化荒漠带,故这里是半地带土壤与地带性土壤的混合。棕钙土的气候属温带大陆性类型,较山地土壤(灰褐土、高寒草甸土)热量高,土壤剖面分化明显,表层含盐分,钙积层明显,厚度 20~30 cm。棕钙土在保护区主要分布在山前洪积扇地带,在长流水,三关口的山前平原均有分布。棕钙土的植被类型以珍珠、红砂草原化荒漠群落为主,但也有针茅草原化荒漠,因此,具有草原土壤的发生层次。但腐殖质层之上的沙化、砾石化、假结皮及裂缝等地表特征是荒漠化成土烙印。棕钙土的腐殖质层,是生物有机残体进入土壤后经腐殖质化过程形成的发生层,其厚度一般为 20~30 cm,平均厚度 28 cm。棕钙土腐殖质层的颜色为褐棕、浅棕色,色调变化与腐殖质层的腐殖质组成、含量、土壤母质及局部地形有关,也受区域盐化、碱化的影响。棕钙土在保护区有 2 个亚类。即棕钙土和淡棕钙土。

五、灰钙土

灰钙土是荒漠草原植被下的地带性土壤。主要分布在海拔 1 400~1 900 m 山地至山麓一带。植被类型为荒漠草原,主要有红砂、斑子麻黄、本氏针茅等旱生植物。植被盖度低。坡度一般在 300~400,母质为洪积物。地表剥蚀较严重。灰钙土的 pH 值 为 8.1~8.7,质地轻粗,结构性差,养分含量低,尤其缺乏有机质,再加上水分条件不好,气候干旱,容易引起风蚀沙化。

六、新积土

新积土是指新的松散堆积物上成土时间很短、发育微弱的幼年土壤。在保护区这种土壤出现在山地低山丘陵间或山前的干河床上。近代沙、砾石有时杂有石块为其主要物质。土壤剖面分层不明显,有机质含量较低,其上植物甚少。主要分布于山前洪积扇上,地形平坦。母质类型为近现代冲、洪积物,质地很不均匀,含有一定数量的砾石。其上生长贺兰山特有的斑子麻黄群落,另外还有灰榆、甘蒙锦鸡儿、阿拉善鹅观草等群落,植被覆盖度小于 30%。新积土由于形成时间较短、又反复冲刷沉积,尚未形成发生层次,只可见到明显的沉积层次。各层次质地也不尽相同,下层有时出现粗砂和砾石。层次之间的颜色也不一样,土色较杂,但以棕黄色为主。整个剖面 pH 值偏高,各层在 7.3~9.0 之间,属弱碱性至碱性。土壤养分有机质、全氮、全磷、全钾含量均较低。

七、石质土

石质土是接近地面上的土层小于 10 cm,基岩裸露面积大于 30%。石质土处在山地脊部、陡坡丘陵的阳坡和半阳坡上,植被盖度极低,水土流失严重,并不断遭到外力作用,始终有成土过程,剖面分化极不明显。剖面一般由腐殖质层和基岩层组成。土体内含砾石较多,厚度一般小于 20 cm,质地为砂质壤土,粒状结构,有石灰反应。石质土生物作用弱,有机质和其他养分含量均很低。土壤剖面由腐殖质层和基质层构成。腐殖质层厚不足 20 cm,沙壤土并夹有砾石,粒状结构,地表常有裸露的基岩。

八、粗骨土

粗骨土是发育在各类型基岩碎屑物上的幼年土壤。广泛分布于保护区低山丘陵顶部和山坡的中下部较缓地段。在三关口至大水沟的阳坡、半阳坡,以及大水沟以北的低山带,都有粗骨土的广泛分布。粗骨土分布的地形较石质土低而坡缓,有不足 20 cm 的土层,风蚀、水蚀较严重,生物积累较微弱,土壤剖面发育不完整,质地粗砾,砾石含量高,其下为母岩分化的碎屑物,土壤有强烈的石灰反应。粗骨土上植物生长较稀疏,冲沟两侧植被较好。主要生长稀疏的灰榆、杜松及斑子麻黄、松叶猪毛菜等群落。

九、灰漠土

灰漠土是发育在温带荒漠边缘上的土壤,介于棕钙土和灰棕漠土之间。分布在本区北端石嘴山市落石滩东北,面西。植被为荒漠植被,主要有沙冬青、霸王、四合木、红砂等群落。地表多有覆沙,沙砾质、砾质土壤表层有机质含量较低,无腐殖质层,成土过程中生物作用微弱,由于碳酸钙的不淋溶或弱淋溶,土壤中有时有浅而薄的钙积现象,地表盐化,有盐皮和龟裂现象。从其剖面特征看是接近草原土壤(钙质土)的一种荒漠土壤。因此,灰漠土具一般荒漠土壤特征,但不典型,保护区主要为钙质灰漠土。

第五节 植物条件

贺兰山地质历史比较悠久,山地自然条件和植物区系组成复杂多样,形成了山地丰富多样的植被类型。可划分为 11 个植被型 70 个群系。主要包括寒温性针叶林、温性针叶林、针阔混交林、落叶阔(小)叶林、疏林、常绿针叶灌丛、落叶阔(小)叶灌丛、旱生灌丛、草原、荒漠、草甸、水生、沼生植被。贺兰山保护区植被具有明显的垂直分异、坡向分异与水平分异。特别是由于贺兰山海拔较高,植被垂直分异明显且带谱复杂。坡向分异表现在山体内部在同一海拔高度范围内,由于坡向不同,使同一垂直带或亚带内的植物群落有很大差别。贺兰山保护区的南、北、中段植被类型也有明显的差别,各自形成一些特殊群落类型。

一、植被垂直分布

贺兰山位于我国温带草原区与荒漠区的分界处,植被类型比较复杂。它有标志山地所在水平地带属性的草原和荒漠,也有山地植被垂直系列中出现的针叶林和疏林草原,还有各种灌丛、草甸和落叶阔叶林。贺兰山山地草原和森林涵养了水源,阳光和水哺育了植被,尤其在贺兰山中段形成了峰峦苍翠、悬崖峭壁、泉水不涸和动物成群的壮观景象。

贺兰山由于海拔较高,相对高差大,主峰已进入高山范围,因此山地植被垂直分异明显,带谱比较复杂。按植被型,可划分成 4 个植被垂直带:山前荒漠与荒漠草原带-山麓与低山草原、灌丛带-中山针叶林带-高山、亚高山灌丛、草甸带。在各垂直带中,有的还可以再划分出 2~3 个垂直亚带,如草原带中可以划出山麓荒漠草原亚带和中低山典型草原亚带。在针叶林带中,可以划出中山下部温性针叶林(油松林)亚带和寒温性针叶(青海云杉林)亚带。进入亚高山范围(2 800~3 100 m)还可以划分出含高寒灌木的亚高山针叶林(青海云杉林)亚带(图1-1)。

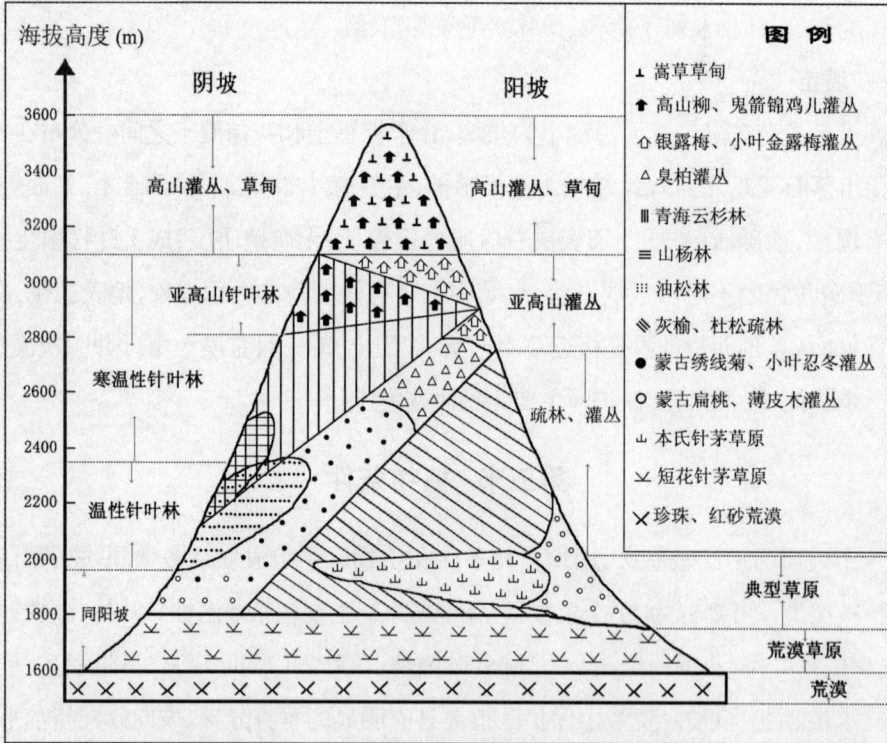

图 1-1 贺兰山山地植被垂直分布结构

二、宁夏贺兰山主要植被

1. 寒温性针叶林

本区寒温性针叶林只有青海云杉林(Form. *Picea crassifolia*)一个群系,也是贺兰山主要的森林群系之一。它主要分布在 2 400~3 100 m 的山地阴坡,年降雨量 300~400 mm,雨水较充沛,气温温凉。典型群落以青海云杉纯林为主,其下苔藓地被植物丰富;在其分布上限林下常以高山柳、鬼箭锦鸡儿为下木;在其分布下限常与油松组成混交林,气温仍属温凉,但雨量偏少,属半干旱类型。个别地段常与山杨组成小片的混交林。

2. 温性针叶林

该植被型主要包括油松(Form. *Pinus tabulaeformis*)和杜松(Form. *Juniperus rigida*)两个群系。油松群系为宁夏贺兰山保护区森林群落的主要群系之一。油松林多数为纯林,群落分布上限常混生少量青海云杉,下限或较干燥的半阴坡常有杜松分布,局部混生少量山杨。土壤为灰褐土,年降雨量为 270~350 mm。林下只有少量灌木,如枸子、小叶忍冬、虎榛子、蒙古绣线菊、小叶金露梅等。草本层盖度不大,为 5%~10%。

3. 针阔混交林

典型的针阔混交林在贺兰山保护区分布面积较小,多呈零星分布。主要包括海拔 2 350~3 100 m 为青海云杉+山杨混交林(Form. *Picea crassifolia* + *Populus davidiana*)和在 1 900~2 350 m 之间油松+山杨混交林(Form. *Pinus tabulaeformis* + *Populus davidiana*)2 个群系。主要分布在阴坡,岭高谷深,与云杉和油松纯林相互交错分布。

4. 落叶阔(小)叶林

保护区内山地阔叶林多呈团块状或条块状分布,面积很小,其分布的垂直高度在 2 400~2 700 m,多生长在半阳坡或半阴坡。所处生境的气温、降雨量与同海拔的山地针叶林相同。主要包括山杨林(Form. *Populus davidiana*)、白桦林(Form. *Betula platyphylla*)和丁香林(Form. *Syringa oblata*)3 个群系。其中以山杨群系最为普遍,多出现在云杉林外缘较平坦的山坳或山谷,往往形成以山杨为主混生云杉或油松的针阔混交林。丁香林海拔较低,以阴坡、沟谷地为主,多混生其他树种。白桦林分布极少,偶见小片群落。

5. 疏林

贺兰山是一侵蚀和剥蚀的中山山地,在森林垂直带的干燥阳坡。蒸发量大,干燥度强,针叶树种很难生长。阔叶树也只有耐旱性强的灰榆等能稀疏生长。因此,在贺兰山保护区的海拔 2 000~2 500 m 的干燥阳坡形成了一个以灰榆为主的疏林带。除灰榆群系外,还分布少量的杜松疏林、杜松+灰榆(*Ulmus glaucescens*)混交疏林。灰榆群系是贺兰山主要的植被类型,分布广,面积大。通常树高仅 3~4 m,不郁闭,有大量灌木、半灌木和草本植物伴生,如蒙古绣线菊、小叶忍冬、枸子、黄刺玫等;半灌木有铁杆蒿,贺兰山女蒿。灰榆疏林山地景观独特,它是森林环境向灌丛乃至草原景观的过渡类型。这种林型生态环境脆弱,水土流失也很严重,一旦遭到破坏,极难恢复,因此更应严加保护。

6. 常绿针叶灌丛

山地常绿针叶灌丛由叉子圆柏灌丛(Form. *Sabina vulgaris*)、杜松灌丛 2 个群落系构成,其中以叉子圆柏灌丛为主。叉子圆柏灌丛呈团块状分布,一般分布于海拔 2 500~2 700 m 的半阳坡、半阴坡较多,在云杉林缘、平缓山顶或沟谷坡地有时也有分布。叉子圆柏是匍匐灌木,常常单独组成纯群落,景观醒目,伴生植物很少,是很好的水土保持群落。

7. 落叶阔(小)叶灌丛

落叶阔叶灌丛为贺兰山自然保护区重要的植被类型。分布广,面积大,类型多。根据其分布的海拔高度或对温度的适应,将其划分为 3 个类型。高寒落叶阔叶灌丛(Alpine deciduous broad-leaf shrub),分布在贺兰山海拔 3 000~3 500 m 的山巅;寒温落叶阔叶灌丛(Cold-temperate deciduous broad-leaf shrub),分布于贺兰山保护区海拔(2 700)2 800~3 000 m 山地较陡阳坡、半阳坡,形成了亚高山灌丛景观;温性落叶阔叶灌丛(Temperate deciduous broad-leaf shrub),是由温性、中生灌木所组成的山地植被类型,集中分布在 1 800~2 700 m 的阳坡、半阳坡及沟谷。

8. 旱生灌丛

该类型为贺兰山较特殊的群落类型,分布面积较广,生于海拔较低的山坡、沟谷或陡坡,生境往往较干旱。主要包括斑子麻黄灌丛(Form. *Ephedra rhytidosperma*)、蒙古扁桃灌丛(Form. *Prunus mongolica*)、甘蒙锦鸡儿灌丛(Form. *Caragana opulens*)、荒漠锦鸡儿灌丛(Form. *C. roborovskyi*)、内蒙野丁香矮灌丛(Form. *Leptodermis ordosica*)、贺兰山女蒿矮灌丛(Form. *Hippolytia alashanensis*)等群系,除甘蒙锦鸡儿、荒漠锦鸡儿外,其余均为贺兰山及其毗邻地区的特有群系。

9. 草原

山地草原在宁夏山贺兰山自然保护区出现在山地森林带以下海拔 1 600~2 600 m 的平缓坡地,常与中生灌丛复合存在。贺兰山保护区分布有宁夏及内蒙古地区所有的针茅,是蒙古高原及宁夏黄土高原针茅的集中分布区。保护区内草原群落面积较大,类型丰富。根据对水分的生态适应,可划分为 3 个类型。草甸草原,在保护区分布面积不大,主要分布于阳坡、半阳坡较上部,水分条件较好;典型草原,在保护区分布面积较大,类型也较多,主要分布于海拔 1 500~2 400 m 各类山坡、沟谷边缘等生境;荒漠草原,为保护区草原植被的主要类型,分布于山地中段海拔较低的山坡及南北两段海拔较高的山坡,占据一定景观空间,海拔为 1 200~1 600 m。

10. 荒漠

从植被分类的角度,荒漠原则上不是一个植被型,是一个植被型组,本文为了描述的方便,将其视为植被型。该类型一般分布在贺兰山山地垂直带的基带,地形为倾斜或起伏的山前坡地或平原以及南北段的低山带,海拔 1 100~1 500 m,土壤为灰漠土,年降水量在 150~200 mm。主要包括珍珠猪毛菜(Form. Salsola passerina)、红砂(Form. *Reaumuria soongorica*)、长叶红砂(Form. *R. trigyna*)、霸王(Form. *Zygophyllum xanthoxylon*)、上述群系中,均为草原化荒漠,除建群种外,主要伴生无芒隐子草、沙生针茅等草本植物,多年生杂类草和一年生层片在多雨年份发育较好。

11. 草甸

贺兰山保护区草甸面积较小,但类型仍较多。高山草甸,有嵩草(Form. *K. beilardii*)、矮生嵩草(Form. *R. humilis*)、高山嵩草(Form. *K. pygmaea*)3 个群系。分布在贺兰山 3 000~3 500 m 的山巅及山脊附近较平坦处。往往伴生火绒草、紫喙苔草、早熟禾、高山蚤缀等。草群高度在 5 cm 左右,密集如地毯。

12. 水生、沼生植被

该类型面积很小,零星分布于水潭及河流边缘,主要包括扁杆藨草(Form. *Scirpusplaniculmis*)、细灯心草(Form. *Juncus gracillimus*)、长果水苦荬(Form. *Veronica anagalloides*)、北水苦荬(Form. *Veronica anagallis-aquatica*)等群系。

第六节　野生动物资源

贺兰山在动物地理区划上属于古北界中亚亚界蒙新区西部荒漠亚区和东部草原亚区的过渡地带。共有脊椎动物 5 纲 24 目 56 科 139 属 218 种。其中鱼纲 1 目 2 科 2 属 2 种,两栖纲 1 目 2 科 2 属 3 种,爬行纲 2 目 6 科 9 属 14 种,鸟纲 14 目 31 科 81 属 143 种,哺乳纲 6 目 15 科 45 属 56 种。保护区中属于国家重点保护的脊椎动物有 40 种。其中,一级保护动物 8 种,二级保护动物 32 种。

一、贺兰山动物的垂直分布

根据植被垂直的分布特点,为了便于动物垂直分布的叙述,将山体划分为 4 个垂直带,其垂直分布情况如下。

低山带　海拔在 1 800 m 以下,生长灰榆疏林、蒙古扁桃、小叶忍冬及其他灌木丛。在低山带鸟类以白顶即鸟、灰眉岩鹀为优势种,红隼、石鸡、岩鸽、红嘴山鸦、岩燕、灰鹡鸰、白鹡鸰、赭红尾鸲、北红尾鸲、黄眉柳莺、褐头山雀、麻雀等为常见种。该带光照条件好,气温较高,灌木丛生,植物种类较多,食物丰富,因此鸟类种类最多。其中主要分布于该带并可作为该带特征代表的鸟类有金眶鸻、戴胜、凤头百灵、角百灵、灰鹡鸰、田鹨、喜鹊、寒鸦、沙即鸟、漠即鸟、白顶即鸟、斑鸫、红喉姬鹟、普通朱雀等。

兽类中以荒漠啮齿动物(黄鼠、跳鼠、沙鼠)和草兔为优势,并有一些中、小型食肉兽。在贺兰山山麓常见的有常长爪沙鼠、子午沙鼠、五趾跳鼠、三趾跳鼠、达乌尔黄鼠等;在居民点附近以褐家鼠和小家鼠居多;在灌丛中可见仓鼠、蒙古兔;食肉兽主要有艾虎、虎鼬、石貂、狗獾、赤狐,此外,沙狐、狼、漠猫、猞猁等也偶有出现;山洞中栖息有蝙蝠,如大耳蝠、阔耳蝠等。

在爬行动物方面,沙蜥属和麻蜥属种类和数量最多,如榆林沙蜥、荒漠沙蜥、丽斑麻蜥、密点麻蜥等;蛇类如黄脊游蛇、虎斑游蛇、白条锦蛇、蝮蛇等;在潮湿地方有花背蟾蜍,在山溪中有中国林蛙及其他几种很小的鱼类。

中山带 海拔 1 800~2 400 m,生长着油松-山杨混交林、山杨-青海云杉混交林及小片山杨纯林。在中山带,鸟类以褐头山雀、红眉朱雀为优势种,石鸡、蓝马鸡、红嘴山鸦、乌鸦、赭红尾鸲、北红尾鸲、煤山雀、银喉长尾山雀、黑头鸫、灰眉岩鹀等为常见种。主要分布该带的代表种为鸲岩鹨、棕眉山岩鹨、白背矶鸫、赤颈鸫、褐柳莺、山鹛、白翅拟蜡嘴雀等。

中山带草食兽类明显增多,啮齿类渐少。在松林下有灰仓鼠、大林姬鼠,石堆中有鼠兔等;灌、草丛中有草兔;丛林中可见马麝和马鹿,其粪堆随处可见;哈拉乌沟有石貂。该带两栖、爬行动物稀少,仅发现过黄脊游蛇。

亚高山带 海拔 2 400~3 100 m,主要为青海云杉纯林。在亚高山带,鸟类以褐岩鹨、黑头鸫为优势种;蓝马鸡、红嘴山鸦、凤头雀莺、煤山雀、褐头山雀、白眉朱雀为常见种;代表种为兀鹫、白腰雨燕。

该带是马麝、马鹿、岩羊等中型草食动物最多的地方,蹄迹、粪迹、食迹、擦痒迹均可见到。这里也是草食动物尸体(马麝、马鹿、牦牛)最多的地方。食肉类有赤狐等。啮齿类以大林姬鼠为优势种,它们对青海云杉有一定危害。此外还有短耳仓鼠等。爬行动物仅有蛇类。

高山带 海拔 3 100 m 以上,生长着高山柳、猪毛刺、金露梅、铁木耳草以及高山草甸植被,此外还有裸岩碎石地带。该带气候严酷,风大,空气湿度低,植被矮小,种类少,动物食物缺乏。晚秋至早春白雪皑皑,5 月份气温常在 0℃以下,一些动物在不同季节有垂直迁移现象。该带鸟类有红嘴山鸦、褐岩鹨、灰眉岩鹀、白腰雨燕、兀鹫和其他猛禽。兽类中有牦牛(从青海省引进散放)、岩羊、兔鼠,还可能有雪豹(数量已极为稀少)。总之,高山带的动物是相当贫乏的。

以上述情况可知,无论以动物种类还是数量来看,低山带所占比例都是最大的,中山带次之,亚高山带再次之,高山带最小。需要说明,本垂直带的划分并非植被垂直带的划分。目前植物学界对贺兰山植被垂直带的划分意见不一,尚无定论。

二、珍贵动物

根据 1998 年《国家重点保护野生动物名录》一、二类保护动物,在贺兰山所分布的陆栖脊椎动物中,属于国家保护的珍贵动物有 40 种,其中鸟类 23 种,兽类 6 种。其中,属于国家的一类保护动物有雪豹、马麝、盘羊、黑鹳、金雕、大鸨、胡兀鹫、白尾海雕 8 种,其余 32 种均属于国家的二类保护动物,它们分别是:马鹿、岩羊、猞猁、石貂、蓝马鸡、雀鹰、松雀鹰、苍鹰、长耳鸮、红隼、鸢、秃鹫、蜂鹰、大鵟等。

除了上述珍贵动物之外,在贺兰山又有 38 种新纪录种和亚种鸟类动物及两种兽类动物。它们的名称是黑鹳、雀鹰、松雀鹰、普通鵟、金雕、鹊鹞、短趾雕、游隼、红脚隼、领角鸮、长耳鸮、普通夜鹰、角百灵、灰鹡鸰、白鹡鸰、太平鸟、红尾伯劳、紫翅椋鸟、大嘴乌鸦、鸲鹛、红尾水鸲、白顶溪鸲、蓝矶鸫、虎斑地鸫、赤颈鸫、斑鸫、棕眉柳莺、黄腰柳莺、凤头雀莺、黄眉姬鹟、煤山雀、银喉长尾山雀、黄雀、黄嘴朱顶雀、北朱雀、红交嘴雀、白头鹀、小鹀等。其中,有 7 种既是国家重点保护的鸟类,又是新纪录种和亚种的鸟类。它们是黑鹳、金雕、雀鹰、松雀鹰、游隼、红脚隼、长耳鸮。两种新纪录种和亚种兽类动物名称是大耳蝠、阔耳蝠。

第七节 自然地理特征和森林分布

根据地质地貌、气候、水文、土壤和动、植物等大尺度分布规律,将中国分为三大自然地理区,即东部季风区、西北干旱区和青藏高原区。三大自然地理区的自然分界线大致是,北起大兴安岭山脉西坡,南沿内蒙古高原东部边缘,进入华北后转向沿内蒙古高原南缘,西南沿黄土高原西部边缘直接与青藏高原东部边缘连接。此线以东为为东部季风区,然后沿青藏高原北缘,再划出青藏高寒区和西北干旱区。贺兰山所处自然地理区为西部干旱区,深居欧亚大陆,又有高山阻隔,季风影响微弱,降水稀少,气候干旱。

一、自然地理特征

贺兰山呈南北走向,地质构造上是鄂尔多斯台地与阿拉善地台之间一个巨大的中生代复式褶皱带,夹杂了不少逆掩断层与横断层。它是强烈隆起的山系,受到深峻的切割。平均海拔高度2 800~3 000 m,东西呈明显的不对称,西坡与阿拉善高原相接处的海拔1 600~2 100 m,坡度缓和,分割较浅,有30多条山沟,东坡山麓下接宁夏平原的山脚海拔为1 500 m左右,高差悬殊,有40多条山洪沟顺坡下注,沟谷深切,地面破碎。

贺兰山深居我国大陆内部,远离海洋,处于中国三大地势阶地的第二阶地,屹立于广阔干旱的草原荒漠气候区中,具有典型的大陆性气候,冬季这里受强大的蒙古冷高压控制,时间长达5个月之久,天气多晴朗、干燥和严寒,盛行西北风。春季增温较快,并常有寒潮侵袭,乍寒乍暖,天气不甚稳定,并多大风。贺兰山日照充足,热量资源比较丰富,年平均日照在3 000小时以上。气温的年、日变化也比较大,历年平均气温稳定≥10 ℃的积温478 ℃~3 298.1 ℃。平均无霜期122~170天。贺兰山的降水量具有明显的垂直分异现象,平均每上升100 m,降水量增加13.2 mm。降水量的年际变化很大,山体上部丰雨年降水量可达600 mm,欠雨年则不足200 mm。历年2 000 m以上的中山区平均蒸发量为900~1 000 mm,浅山及洪积扇为1 000~1 200 mm,北段的低山区为1 200~1 400 mm。由于年蒸发量与年降水量的差值巨大,因而空气很干燥,从中段高山向南北段的低山和东部坡麓,干燥度由2.0增加到8.0。

在干旱荒漠的贺兰山两侧、谷口,砾质冲积扇发育明显,地表有砾冥和沙漠漆皮,厚层砾石层组成大面积戈壁滩。中国闻名的腾格里沙漠分布于其西侧,冲积扇末端出现细土平原和盐湖、盐沼。荒漠植被下的漠土中含沙砾甚多,含盐量也高,有时形成盐壳和石膏壳,荒漠草原土壤有机质含量甚低,属棕钙土,土层中有明显碳酸钙和石膏积累。

二、森林分布

贺兰山地处荒漠及荒漠草原之间,深居内陆,在气候上受蒙古高压的影响,使西北面受到寒风袭击,而东南又因秦岭、六盘山和子午岭的阻挡,使湿润海风难以深入,因而气候寒冷干燥。该山西斜面比较平缓,切割不深;东斜面相对海拔高度约比西斜面高500 m,山势峻急,切割较深,因上述气候和地形的影响,该山森林植被分布与生长有如下特点:一是西斜面森林覆盖率较高,郁闭度较大,林木长势较好;二是阳坡多为荒山,岩石裸露,仅存少数耐旱植物,如:灰榆、杜松、木贼麻黄(*Ephedra eguisetina*)、狭叶锦鸡儿(*Caragana stenopylla*)、刺旋花等;三是森林植物多分布于阴坡及半阴坡,垂直分布明显,从山麓到山顶依次为:山麓荒漠草原层→耐旱乔、灌木层→油松、山杨林层→云杉林层→高山灌丛草甸层。

1. 山麓荒漠草原层

在西斜面,海拔2 000 m以下的山麓地带,在东斜面在1 500 m以下的山麓地带,植被稀疏，有多种旱生木本植物，如斑子麻黄（*Ephedra rhytidosperma*）、洛氏锦鸡儿（*Caragana roborouskyi*）、狭叶锦鸡儿、猫头刺、猫耳刺（*Caragana tebetica*）等。此外还有红砂、珍珠猪毛菜（*Salsola passerina*）、木本猪毛菜（*Salsola arbuscula*）、百里香、薄皮木（*Leptodermis purdomii*）等耐旱灌木。该层仅在有灌溉条件的沟口开垦为农地，其余大部分林区不能农耕，是中国特有的裘皮用绵羊品种宁夏滩羊的产区之一。

2. 耐旱乔、灌木层

由于西斜面相对高差较小，山脚海拔高约 2 000 m，已进入油松、山杨林层分布的下限，故该层不甚明显；而东斜面则极为明显，在海拔 1 500~2 000 m，植被稀少，散生着耐旱的杜松、灰榆、蒙古扁桃（*Prunus mongolica*）、狭叶锦鸡儿、金雀花（*Caragana frutex*）、酸枣（*Ziziphus jujuba*）、小叶金老梅（*Dasiphora parifolia*）等。该层位于浅山区，接近居民点，由于放牧、砍柴造成天然植被破坏严重，致使水土流失，岩石裸露。所以封山育林，保护现有植被，显得特别重要。

3. 油松、山杨林层

约在海拔 2 000~2 400 m，出现有油松-山杨混交林及山杨、油松纯林，常有青海云杉、白桦、山柳、杜松等树种渗入。郁闭度 0.6~0.7，林下灌木稀少，仅有少量的小叶忍冬（*Lonicera microphylla*）、叉子圆柏（*Sabina vulgaris*）、蒙古荚蒾（*Viburnum mongolicum*）、欧亚绣线菊（*Spiraea media*）、银老梅（*Dasiphora davurica*）、美丽茶藨子（*Ribes pulchellum*）、黑果枸子（*Cotoneaster melanocarpus*）等。山杨纯林主要分布在阴坡及沟谷。在沟谷及坡麓水分条件较好的地区，山杨一般干形尚好，病腐木较少，反之在水分条件较差的坡中、上部，则干形弯曲，病腐木较多，山杨林多系萌芽林。油松纯林及油松山杨混交林，主要分布在阴坡及半阴坡，林地较干燥，枯枝落叶层分解不良，给油松天然更新带来一定困难。

4. 云杉林层

在海拔 2 400~3 000 m。以青海云杉纯林为主，郁闭度 0.6~0.8，生产力一般较低。但结实繁多，更新良好，在林中空地和林内普遍有云杉的幼林和幼苗旺盛生长。在云杉林中也偶有块状山杨林，这多是由云杉成片砍伐或火烧之后，喜光的强阳性先锋树种山杨林得以入侵，且多生长不良，病虫害严重，普遍出现顶枯现象，而在山杨林下云杉天然更新却极为良好，有的云杉已在山杨林下露头，云杉更替山杨的趋势极为明显。看来在贺兰山海拔 2 400~3 000 m 的高山地带，甚至海拔再低一些的地区，只要立地条件不遭破坏，则云杉将成为相对稳定的植物群落。在该林层，下木稀少，仅有少量的蓝靛果忍冬（*Lonicera caerulea* var. *edulis*）、鬼箭锦鸡儿（*Caragana jubata*）、高山柳（*Salix cupularis*）、细梗枸子（*Cotoneaster tenuipes*)等。

5. 高山灌丛草甸层

在 3 000~3 500 m,多为裸露岩石,由于山顶风大,气候寒冷,不利于乔木生长,仅有少量青海云杉伸入该层,但生长不良而成高山矮态。因高山雨雪充沛,土壤湿润,仍有植物生长,但覆盖率极低。其主要灌木有高山柳、鬼箭锦鸡儿等,均成群丛生长。

第八节 社会经济条件

贺兰山自然保护区下的银川平原,是宁夏回族自治区经济社会最为发达的地区。截至 2008 年年底,沿山及保护区分布着银川市的永宁县、西夏区、贺兰县和石嘴山市的平罗县、大武口区和惠农区两市六县区,共有 15 个乡 31 个镇 39 个街道办事处,319 个居委会 462 个自然村。土地面积 17 105.8 km²。有各类法人单位 195 128 个,各类产业活动单位 3 819 个。沿山地区共有人口 775 165 户 2 388 730 人,户均 3.08 人。人口出生率 10.1%,自然增长率5.55%。人口构成:汉族 1 767 453 人,占比 75.27%;回族 582 663 人,占比 23.27%;其他民族38 614 人,占比1.3%。

一、经济状况

据《宁夏统计年鉴 2008》表明,截至 2008 年年底,沿山地区完成地区生产总值 5 291 500 万元,比上年增长 13.25%。其中,第一产业完成总产值 438 972 万元,占比 5.85%;第二产业完成 4 219 279 万元,占比 60.6%;第三产业完成 2 847 287 万元,占比 33.55%。人均地区生产总值 31 693.5 元,比上年增长 11.7%。完成全社会固定资产投资共计 5 267 922 万元,人均固定资产投资 22 177.5 元。地方财政收入 511 109 万元,人均 2 139.66 元。地方财政支出 94 776 9 万元,人均 3 967.66 元。城镇在岗职工年平均工资 30 366.5 元,农民家庭人均纯收入 4 899.99 元。人均社会消费品零售额 7 753 元。2008 年年内,实现社会消费品零售总额 1 995 766 万元,比上年增长 22.2%。周边地区及辖区内,有星级住宿单位和限额以上餐饮单位 85 个,从业人员 9 801 人,营业额 70 330.4 万元。

二、社区事业

保护区周边及辖区内,有铁路、高速公路、国道、省道、民航等较为完善的交通基础设施。以银川为中心的航线到达十余个城市,年客运量 4 894.5 万人,货运量 8 616.4 万吨。邮电业务总量 378 561.7 万元,电话机总数 800 286 户,移动电话用户 1 718 271 户。因特网用户 165 118 户。周边地区经济的快速发展,为科技、教育、文化、卫生等各项事业的发展,提供了有力的保障。沿山地区有普通高等学校 11 所,在校学生 84 471 人;中学(含中等专科学校、职业中学、普通中学)170 所,在校学生 230 374 人;小学 335 所,在校学生 210 364 人。有各类卫生机构 684 个,其中医院 90 个,每千人执业医师 2.1 人,共计床位数 11 928 张。

三、旅游业

贺兰山殊异的地理位置造就了独特的自然景观,几千年来,特别是雄踞陕、甘、宁青等广袤地区近 200 年的西夏王朝众多的历史文化遗存,成就了丰富的旅游资源。20 世纪 80 年代起旅游业悄然兴起,滚钟口、西夏王陵、贺兰山岩画、镇北堡西部影视城、苏峪口国家森林公园等一批旅游景区相继开发建设,并设专门机构进行管理经营。随着人民生活水平的提高,旅游业不断升温,各旅游景区不断开发新的旅游景区(点),新的旅游项目和旅游产品。贺兰山登高望远;西夏文化探险八日游;西夏文化两日游——西夏陵、镇北堡西部影视城、拜寺口双塔、贺兰山岩画、贺兰山博物馆;长城访古三日游——贺兰山三关口明长城、盐池明长城、固原战国秦长城;贺兰山探奇一日游——滚钟口、拜寺口双塔、贺兰山岩画、苏峪口国家森林公园;宁夏最高峰、贺兰山砂锅洲探险等。旅游直接从业员(仅指旅游住宿设施和旅行社从业人员)近万人,旅游产业对经济发展的贡献率越来越大。

四、交通条件

随着沿山及保护区内社会经济的蓬勃发展,沿山及保护区交通四通八达。公路主要有横贯南北的 110 国道,纵横东西的平汝等级公路,银巴等级公路以及多条城市、乡村、旅游景区出入口道路、路网格局基本形成。铁路有包兰铁路干线和平汝专用支线,其中,包兰线(宁夏段)409.59 km(复线 65.59 km),平汝支线 81.47 km,银新线 10.75 km。

第二章　贺兰山森林资源变迁

森林的变迁主要取决于两大因素,一是自然条件的改变,另一个是人类从事各种活动对森林产生的影响。地质时期的森林变迁,大都是在没有人类活动干预的情况下进行的,其自然条件取决于各地质时期地质构造运动所引起的古代地理与气候的变化。自从地质历史时期到新生代第四纪,特别是全新世以来,地球上开始出现了人类,决定森林变迁又增加了人类活动这一主导因素。因此,森林变迁是自然条件和人类活动综合作用的结果。近代森林的变迁,其主导因素是人类的各种活动所造成的。

贺兰山隆起于中生代晚期的燕山运动,此后,一直到新生代老第三纪,经受长期的剥蚀与夷平,成为海拔不甚高的准平原。当时贺兰山及其周围广大地区在盛行信风控制下,炎热干旱,属于亚热带气候。新第三纪期间,由于受喜马拉雅造山运动影响,贺兰山及其周围高大山系和高原强烈上升,古地中海消退,从而改变了以前行星风系环流形势,转由季风环流所控制。但是,由季风带来的湿润气流难以到达大陆腹地,降水量很少,同时气温有所下降,大陆性气候由此得到增强。第四季更新世,全球气温普遍下降,冰期来临,加上我国西北山地包括贺兰山继续上升、降水受周围大山和高原阻隔、内陆地区显得更加寒冷干燥等因素的影响,大陆性气候进一步强化,贺兰山也深受其影响,气候干旱。更新世末冰川逐渐消退,气候趋于变暖,自然景观也变得与现代大致相同。在贺兰山及其周围地区,由于上述地质历史与气候环境的变迁,对其植物区系的发生与演化产生了重大的影响。

贺兰山是一座地质历史比较古老的山地,地层发育比较齐全,自古生界至第四系大都完备,仅缺失晚奥陶世——早石炭世的沉积。前寒武纪的太古界和上元古界片麻岩与石英岩均有出露,见于柳条沟、大武口沟等处。下古生界寒武系的石灰岩、砂岩、页岩发育良好,分布普遍。上古生界则以石炭与二迭系地层同等发育为特点,见于石炭井、呼鲁斯太、苏峪口、石嘴山等地,以页岩、砂岩等为主,并含有煤层。中生界三叠系地层广泛分布,侏罗系次之,前者以砂岩、砾岩、页岩为主,为组成山体的主要地层,主要见于汝箕沟、古拉本等地,以各种砂岩为主,为本山区主要产煤地层之一。白垩系和第三系地层都不发育。在山前地带和山间低地广泛分布着第四系冲积洪积物、风积物和山麓堆积物等。

第一节 地质时期贺兰山森林演变

森林是陆地生态系统的主体。森林植被群落是随着地球表面大陆的出现,植物由海洋向陆地发展,从初期的裸蕨类演化形成的。陆生植物由低级到高级,由简单到复杂的演化过程分为三个阶段,既蕨类植物阶段、裸子植物阶段和被子植物阶段。与之大致相对应的是古生代森林、中生代森林和新生代森林。地史上的这三个时代总称显生宙,显生宙是森林发生和发展的时代,时于距今6亿年前。

据地质学界多年考证,距今10亿~14亿年,贺兰山中、北段叠层石化石丰富,距今6亿年前的震旦纪,贺兰山地区遭受迄今已知最古老冰川的侵袭,在震旦系正木关组下段冰碛砾岩胶结物中,留下古片藻、多球藻化石等,在上段的小光球藻、膜壁粗面球藻等。这些菌藻类化石,是宁夏植物界繁衍演化的最初始祖。

一、古生代

古生代开始于距今5.7亿年,延续时间长达3.4亿年。古生代早期地球上各大陆是连接一体的,而地球表面陆地大部分为海洋淹没。到奥陶纪末期发生加里东运动,我国华北地区整体上升为陆地;到泥盆纪初期,地球又发生海西运动(俗称造陆运动),使地球分为南北两大块。地球在这一地质时期既发生离合,又发生极为强烈的上升和沉降造陆运动。地球上的原始植物是从志留纪晚期(4亿多年以前)出现的裸蕨,到泥盆纪晚期才出现发达的维管束植物,并在中国南方和西北、内蒙古等地滨海地带出现小面积森林。到了距今3.2亿~2.5亿年的中炭世至早二叠世期间,在贺兰山地区,森林空前崛起,进化显著,石松纲、楔叶目、真蕨纲和科达纲植物遮天盖地。沼泽中的鳞木、芦木、石松植物,同水滨地带的科达树、种子蕨、真蕨类森林,以及陆地上的裸子植物、种子蕨等连成一片,仅据中宁、中卫地区资料统计,在石炭纪地层中,共发现植物化石42属126种,几乎全为高大乔木,构成石炭纪大森林的一派壮丽景观。

受华力西构造运动的影响,距今约2.86亿年的二叠纪时地壳持续上升,自此宁夏完全脱离海洋环境,上升为陆地,早二叠世时,气候温暖潮湿沼泽发育,丛林密布造煤作用盛行,其中植物群以三角织羊齿(*Emplectopteris triangularis*)、带羊齿(*Taeniopteris*)植物群为特征,二叠世晚期,一系列造山运动使地形更趋复杂,气候逐渐干旱凉爽,对植物界发生很大的影响。古生代占优势的木贼类、石松目、真蕨、种子蕨等都大大衰退，代之以大羽羊齿（*Gigantopteris*）、瓣轮叶（*Lobatannularia*）为代表的裸子植物群。

二、中生代

二叠纪末，华力西地壳运动结束，陆地和干旱地带进一步扩大，使得蕨类和原始裸子植物衰减，中生代裸子植物松柏类、苏铁类和银杏类趋向繁盛，逐渐居于主导地位。此时，在贺兰山中北段，分布着众多小型的湖盆，真蕨植物十分发育，有枝脉蕨（*C1adophlebis brongmiart*）、拉契波斯基枝脉蕨（*C. raciborsktl*）、蔡耶贝尔瑙蕨（*Bernoullia zeilleri*）、威廉姆逊似托茅蕨（*Todites williamsoni*）等；石松类：蟹形新芦木（*Neocalamites carcinoides*）、卡勒莱新芦木（*N.carrerei*）、多实拟丹尼蕨（*Danaeopsis fecunda*）等；松柏类：苏铁杉（*Podozamites*）、诺登斯基阿德松叶（*Pityophyllum nordenskioldi*）；苏铁类：侧羽叶（*pterophyllum*）等组成的宁夏晚三叠世似丹尼蕨——贝尔瑙蕨植物群，为中生代早期森林雏形。

到了距今 1.8 亿~1.4 亿年的侏罗纪，宁夏大地陆生植物又进入鼎盛时期。在温暖湿润条件下，形成的山麓河流相至沼泽相的延安组含煤地层，发现有 50 个属种（包括未定种）植物化石，表明这一时期的景观很丰盛。其中木贼类 6 种，占 12%；真蕨类 16 种，占 32%；苏铁类 2 种，占 4%；银杏类 17 种，占 34%；松柏类 9 种，占 18%。与晚三叠世相比，银杏类松柏类高度繁衍，成为锥蕨（*Coniopteris*）——拟刺葵（*Phonicopsis*）组合中的主体。主要常见的有银杏类：茨康诺司基叶（*Czekanowskia*）、拟刺葵、拜拉（*Baiera*）、胡顿银杏（*Ginkgo huttoni*）、西伯利亚拟银杏（*G. sibiricus*），松柏类的披针苏铁杉（*Podozamites lanceolatus*）、坚叶杉（*Pagiophyllum*）；木贼类的侧生拟木贼（*Equisetites lateralis*）、费尔干拟木贼（*E. ferganensis*）、新芦木（*Neocalamites*），真蕨类的膜蕨型锥叶蕨（*Coniopteris hylnenophylloides*）、土曼蕨（*Hausmannia*）、枝脉蕨（*Cladophlebis*）等，属亚热带—温带植物区，为宁夏侏罗纪成煤期的原始资料。

距今 1.4 亿~1 亿年的白垩纪早期，陆生植物与侏罗纪相近，以松柏类，银杏类和苏铁类为主，在已发现的 29 属中，松柏类 14 种，银杏类 5 种，苏铁类 8 种，蕨类 2 种。主要有松柏类：坚叶杉（*Pagiophullum*）、楔鳞杉（*Sphenolepidium*）、拟南洋杉（*Araucarites*）、稀枝拟节柏（*Frenelopsis parceramosa*）、淮柏（*Cyparissidium*）；银杏类：长叶楔拜拉（*Sphenobaiera longifolia*）、茨康诺司基叶、华丽拟刺葵（*Phoenicopis speciosa*）；苏铁类：耳羽叶（*Otozamites*）、舌羽叶（*Glossozamites*）及蕨类植物拟木贼（*Equisetites*）等。

延续 1.8 亿年的中生代，宁夏是裸子植物的衍生时代，部分地区形成以松柏类、银杏类为主体的森林植被，表现为温湿到干旱的气候特征。

三、新生代

新生代是地质历史中最重要的一个时代,这一时代地质地貌的变化,奠定了现代地球地理面貌的基本态势。新生代的地理历史上最新和延续时间最短的一个时代,从距今6 500万年起翰新生代,植物的发展进入一个新的阶段。被子植物占据了植物界的统治地位。此时动物界中的鸟类繁多,哺乳类昌盛,森林环境日趋复杂且多样化。森林树种的组成发生了重大变化依其种类组成不同,分别覆盖于不同区域的大地上,以致形成了今日丰富多彩的森林景观,控制和影响着陆地庞大而复杂的生态系统。

中国新生代植物群大致可分为三个发展阶段,即木本植物大发展阶段、草本植物大发展阶段和杂种、多倍体植物大发展阶段,与此相应的时代是老第三纪、新第三纪和第四纪。

(一)第三纪

宁夏第三纪陆相地层十分发育,至今在多数地域尚未获得植物化石。而1984年,据张国典在固原县寺口小渐新世地层采得的孢粉样品中,已鉴定出的主要种属有希指蕨孢子属(*Schigacoisporites*)、松柏类(*Coniferae*)、拟南美杉粉属、雪松粉属、麻黄粉属、拟榛莫米粉(*Momiptes coryloides*)、厚壁忍冬粉(*Lonicerapollis pachydermus*)、凹边无患子粉(*Sapindacidites conecarus*)等。1982年,渐新世清水营组敬万林、谢永春在同心县贺家口子,采集到孢粉样品,主要含有石松孢;罗汉松粉属、南美杉粉属、云杉粉属、雪松粉属、单束松粉属(*Abietineaepollenites*)、铁杉粉属(*Tsugaepotllenites*)、麻黄粉属柳粉属(*Salixopollenites*)、桤木粉属(*Alnipollenites*)、杨梅粉属(*Myricaceoipollenites*)、胡桃粉属(*Juganspollenites*)、枫杨粉属(*Pterocaryapollenites*)、榛粉属(*Coryluspollenites*)、栎粉属(*Quercoidites*)、榆粉属(*Ulmipollenites*)、藜粉属(*Chenopodipollis*)、莲属(*Nelumbo*)、楝粉属(*Meliaceoidites*)、无患子粉属(*Sapindaceoidia*)、椴粉属(*Tiliaepollenites*)、忍冬粉属(*Lonicerapollis*)、菊粉属(*Compositae*)等。渐新世早、中期同心一带为常绿针叶—落叶阔叶混交林植被。以麻黄粉属—楝粉属—榆粉属—柳粉属孢粉组合为代表, 其中蕨类孢子占0~1.17%,裸子植物占25.9%~49.4%,被子植物占50.5%~73.8%。渐新世晚期以后,西北地区趋向大陆性气候,气候干旱,植被贫乏,森林植物以楝树粉—麻黄粉属—松科(*Pinaceae*)—铁杉粉属的组合为特征。其特点是以楝树粉占优势,麻黄粉减少,松科各属花粉增多,以及出现铁杉粉属、椴粉属和胡桃粉属等区别于渐新世早期的组合。其中被子植物(71.5%~95.4%)占优势,裸子植物(4.4%~28.5%)次之,蕨类孢子(0~1.42%)极少,偶有石松孢、水龙骨单缝孢、小三角孢等。

（二）第四纪

起始于距今 200 万年的第四纪以来,古地理环境承续了第三纪,变化不很显著,但由于气候向干旱转变,宁夏植被也由第三纪的森林型向草原型变化。银川平原"银 82—1 号钻孔"第四纪沉积孢粉资料表明:灌木、草本植物花粉占明显优势,蒿属(Artemisza)、藜科(Chenopodiaceae)、麻黄属始终大量出现,乔木植物花粉较少,主要是松属、桦属等。

在干旱气候趋势下,随着暖、冷波动,第四纪植波也呈现草原、森林草原和森林类型的交替。一般来说,气候暖热,灌木、草本植物花粉占绝对优势,乔木植物花粉数量少,但乔木中阔叶树花粉明显增加,植被以草本为主;气候寒冷,乔木植物花粉增多,有时超过灌木和草本,而且以针叶树为主,云杉、冷杉数量较多,植被为森林草原,甚至楚针叶林植被。由于气候波动引起的植被交替,在第四纪以来大致出现 10 次之多。

贺兰山天然林区,据对古森林火灾遗迹——古炭核的研究,林区建群树种源远流长,古代除了在优势树种间有所消长变化外,基本无大演替。但从第 3 号炭迹的资料看,古林区要比现在扩大很多。第 3 号炭迹是前山新沟柴渠门北坡中下坡、海拔 1 680 m 处的古炭迹,炭核 C_{14}:4000 年±77 年,是个宽 56 cm、高 85 cm 的窑式堆积,炭核树种鉴定全为针叶材炭,其中油松材炭占 95.4%。很可能是游牧民族先民们烧臭油(用以治疗牲畜皮肤病)的遗址。虽然现场考察,"窑底"并无截油导油的石片排砌痕迹,但考虑到 4 000 年前,或许当时只知夯实底土,并不掌握用石片砌底更具效益。4 000 年前 3 号炭迹所在海拔部位,虽然未必全是针叶纯林,油松也未必占到 95.4% 的绝对比重,但这个高度油松必然很密布,应是毋庸置疑的,因为肯定不会在山高坡陡的贺兰山,进行上下串坡背运聚松材于此烧制臭油。依据 3 号炭来探明远古更多情况是困难和根据不足的, 但对贺兰山显著的植物垂直分布带来讲,犹如"一叶知秋"具有典型说明问题的意义。因此,进入全新世后至少在距今 4 000 年前,贺兰山油松—山杨林层下限不是现代的海拔 2 000 m,至少是海拔 1 700 m 上下,也就是说 4 000 年来,贺兰山乔木林层下限至少上升了海拔 300 m 左右。同在荒漠草原气候植物带的罗山、香山、米钵山等山地森林,也应当与贺兰山的变迁规律相同,从而丰盛现代森林植物的景观。

全新世以来同现代一样,贺兰山森林都是非地带性的山地植被类型,但它们的自然兴衰,同所在地带性植被类型存在着"荣辱与共"的正相关性。上述地质学界研究认为的全新世气候类型趋向暖、旱,地带性植被是草原,这是比较普遍公认的看法。但联系到六盘山地区出土古木和贺兰山古炭核的研究,这种暖、旱的气候趋势看来是对更新世而言的。如果同现代相比,全新世上段还是应该比现代冷、湿得多。所以在全新世各地区乃至第四纪各个时期,在草原植被植物花粉名录中,总是程度不同的存在非草原树种的花粉如松、桦、云杉、冷杉、铁杉等。

第二节　各历史时期贺兰山森林变迁

人类历史时期森林变迁,除受自然因素作用外,人类活动是主导因素。人类的出现,标志着森林纯自然发展阶段的结束,开始朝着利用与破坏森林阶段迈进。由于人类的进化、人口的增加、社会经济的不断发展,人类向森林索取越来越多,再加上战争等因素的破坏,导致森林经历着从多到少、从好到坏的演变过程。因此,一部森林变迁史,在一定条件下,可以说是人类与森林的关系史。

根据陈加良对贺兰山林区6处历史森林火灾遗迹的发掘研究,以及引用宁夏地质学全新世地质沉积的植物"孢粉"资料,贺兰山古林区针叶林分布广阔,源远流长,森林资源历史衰竭严重,4 000年来森林垂直分布下限上升了300 m。

《1980年水洞沟遗址发掘报告》和《考古学报》1987年第4期报道:"最迟在4万年前,银川平原的黄河两岸就有人类活动,是人类发祥地之一"。在贺兰山东坡洪积扇上发现的新石器时代遗址,说明宁夏原始农业起始于"甘肃仰韶文化",距今五六千年。2 000多年来,宁夏北部,尤其是引黄灌区的开发和发展同贺兰山森林的兴衰息息相关。

秦汉以来,贺兰山东侧向为塞上重镇,因地广人稀,历来远离全国政治经济中心,为巩固边防,历代王朝无不热心于推行屯垦和戍边政策。历史上曾频迁徙秦、晋、江、淮之民来宁,有力地促进了贺兰山东侧经济文化的繁荣发展,但也给贺兰山森林植被和整个生态以极为深刻而持久的影响。

一、秦汉至北魏时期

据有史可查,这是人类社会因素迫使贺兰山森林出现第一次历史大变迁的时期。公元前215年,秦始皇帝派蒙恬率30万大军征战匈奴,收复河南地,修筑长城,沿黄河两岸屯垦,汉代继承和发展了屯垦戍边的事业,特别是大规模地兴修了汉渠、唐徕渠、美丽渠和七星渠等大型水利工程。近年来考古发现的城址遍布南北,汉代墓群在银川、贺兰、吴忠等地大量出现,并发现新莽、东汉的墓葬。经秦汉两代积极经营,宁夏平原造成了第一个引黄灌区,农业生产力得到巨大飞跃,使地处半荒漠的宁夏平原成了"沃野千里,谷稼殷积""牛马衔尾,群羊塞道"(《后汉书·西羌传》)的人工绿洲,这固然是人类改造自然取得伟大胜利的一曲凯歌,但同时,这又是以牺牲环境条件,尤其是贺兰山森林资源为代价的。这里地属寒冷荒漠之域,人口大量涌入,又举办如此浩繁的水利工程,能源和建材的需求量大而急,岂有不就近大肆砍伐贺兰山森林之理。正如汉文帝刘恒采纳募民徙塞下居的奏议之后,晁错再奏的那样:"使(募民)先至者安乐而不思故乡,则贫民相募而劝往矣。种树畜长,屋室完安,此所以使民乐其处而有长居之心也"(《汉书·晁错传》)。尔后汉武帝以及历代多次募民实边,开发宁夏平原,不可能有什么例外。恰如马克思所精辟论述的那样"文明和产业的整个发展,对森林的破坏从来就起很大的作用,它所起的相反的作用,即对森林的护养和生产所起的作用则微乎其微。"贺兰山历经秦汉以来几百年的大量耗费到北魏时已无造船巨木,至少浅山区已经没有。

　　另外,根据宁夏回族自治区林业部门调查,在贺兰山西侧的哈拉乌沟、东侧的西峰沟等处,在海拔 1 680~2 180 m 的坡地上,发现 6 处炭迹,经同位素炭 14 测定,距今约 2 090~4 000 年之间。其中,在新柴沟渠门海拔 1 680 m 处发现的炭核,经测定完全为针叶林木炭,距今 4 000±77 年。而现在的油松针叶林,主要生长在海拔 2 000 m 以上的地方。这就是说,在 4 000 年前,贺兰山的针叶林还分布在低中山地区,海拔比现在低 300 多米。贺兰山现存森林,多为次生林,而有的地方还有原始森林,是古代森林的"直接历史孑遗"(陈加良《贺兰山自然保护区森林历史考察报告》)。这又从另一个角度证明,古代贺兰山是有繁茂森林的。

　　据考,在唐代以前,由于贺兰山地区人口稀少,技术落后,人对自然界的影响微乎其微,对森林的破坏也只能是局部性的。所以,贺兰山的森林植被是良好的,没有受到根本性破坏。"贺兰山下果园成,塞北江南旧有名"的美丽景观的形成,与贺兰山丰富的森林资源和良好的涵养水源也是息息相关的。

二、唐宋元代时期

　　贺兰山见诸史籍记载,起始于《汉书·地理志》,当时叫卑移山,实际上涉及山上森林的记载则始于唐代,唐李吉甫《元和郡县图志》"贺兰山"条:"山有树木青白",是古文献中第一次对贺兰山森林植被的直接记载。"树木青白"可以理解为,深绿色的油松和浅绿色的山杨、白桦混交生长,显示出青白斑驳的色彩,说明贺兰山森林植被的繁茂。当时山上树木色青白,远看如驳马,驳者毛色不纯之谓也,古游牧民族称"驳马"为"曷拉",演绎为"贺兰"。因树而得山名,可见山上森林到了唐代还是可以称道的。有唐诗曰"贺兰山下果园成,塞北江南旧有名,水木万家朱户暗,弓刀千骑铁衣明",山下一派经济繁荣景象,但仍然衬托在边境屯戍的紧张气氛之中。这对山上森林不能不继续起着消极的影响。

　　到了宋代,西夏国割据政权很重视贺兰山,是七大重兵驻守地之一,山上屯兵五万,仅次于京城兴庆府(指今银川市)。现今阿拉善蒙古族牧民习住蒙古包,而支撑蒙古包喜用轻直耐用的青海云杉幼树,八九百年前游牧的党项族早就如此,《宋史》卷486 记载:西夏按官兵民分级。"其民一家号一账","团练使以上账","刺史以下幕梁"。"幕梁织毛为幕而以木架"。另外还有取自于幼树、灌木的大量弓箭消耗。西夏更视贺兰山为皇家林囿,元昊不仅在府城营造"逶迤数里,亭榭台池并极其胜"的宫殿,更在贺兰山"大役民夫数万于山之东,营离宫数十里,台阁十余丈。"西夏这些频繁而浩大的营建,用木之大,从后代嘉靖志记载"元昊建此避暑宫遗址尚存,人於朽木中尝有拾铁钉长一二尺者"可以窥见其一斑。上有好者,下必甚焉,在皇家贵族的带头影响下,贺兰山上大兴土木之风盛行,到了明代"贺兰山上有颓寺百余所",其中有相当多数为西夏所遗留。

近年的考古调查中,在贺兰山发现多处西夏建筑遗址。这众多的遗址和"营离宫数十里"的记载,说明当时的贺兰山是树木葱郁、山清水秀、风景优美,可供西夏统治者"晏游"的好地方,但也是贺兰山森林开始受到损伤的有力证明。成吉思汗灭亡西夏的战争,使西夏都城兴庆府和贺兰山西夏宫苑、陵园建筑付之一炬。城门失火殃及池鱼,贺兰山良好的景观,无疑也会受到一定程度的破坏。

贺兰山乃银川屏障,在战乱频纷的历史时期,历代攻守各方均不会怠慢于用火之术。以庆历四年(公元1044年)辽夏一次大战为例,辽主兴宗起兵十六万七千骑,南北夹击元昊,八月五日辽韩国王自贺兰北与元昊接战,数胜之,辽兵至者日益,夏乃请和,退十里,韩国王不从。如是退者三,凡百余里矣,每退必赭其地,辽马无所食,因许和。"夏乘机反攻,大获全胜。元昊放火烧的,虽然主要是草场,但竟不殃及山上的森林,这几乎是不可能的,因此这次战乱贺兰山北部百余里内不少森林则化为灰烬矣。

元代战乱依旧,垦荒交替。至元元年(公元1264年)由于战乱"民间相恐动,窜匿山谷",郎中董"文用镇之以静,民乃安",唐徕、汉延、秦家等渠"兵乱以业,废坏淤浅",文用疏浚乏术,才调来京畿水利专家郭守敬,诸渠"皆复其旧",并"垦水田若干,"从而"民之归者"不少,悉授田种,颁农具。"至元八年(公元1272年)徙鄂民万余于西夏,使耕以自养,官民便之"。又言"西夏羌、浑杂居,驱良莫辩,宜验已有从良书者,则为良民,从之得八千余人,官给牛具,使力田为农"。众多人口战乱窜匿山谷,战后返回乡里,又从湖北徙民万余,生产生活资料的耗费和重建家园的需要,无不依赖于对贺兰山森林资源的索取。

宋、西夏、元朝间,由于社会经济发展,宁夏北部人口增加,人类对贺兰山的影响逐渐加深。西夏建都银川,使银川平原的政治、经济中心由河东移到河西,与此相应,人口的重心也由东向西转移,人离贺兰山更近了。如果说,汉唐时期,人们的主要活动仅仅是在洪积扇上,而且数量有限;而西夏在贺兰山大兴土木,营造离宫别院,不但规模大,而且直接插入贺兰山本体,这就不能不给贺兰山的森林植被造成重大影响。

综上唐、宋、元 3 代,尤其将近 200 年的西夏,是贺兰山森林第二次历史性大破坏时期。对此历史上不乏有识之士以各种形式发出过保护森林的呼吁,如宋代张舜民《西征》诗曰"灵州城下千株柳,总被官军砍作薪。他日玉关归去路,将何攀折赠行人"。灵州距贺兰山如此之近,灵州城下千株柳都难保,贺兰山上万株松更难幸免于难。

三、明朝时期

到了明代,对贺兰山产生严重消极影响的,莫过于长城的修建。数万兵丁役夫涌来,建造营房、炊事取暖、施工架木、箩筐扁担,无一不用木材。长城修好后,调遣重兵把守,用材烧柴,全要仰仗贺兰山。加上常年不断的樵牧采伐,更加剧了贺兰山林木的消耗,于是形成了如《明经世文编》卷 228 中所记述:浅山区"陵谷变迁,林莽毁伐,樵猎蹂践,漫漫成路",林木"皆产于悬崖峻岭之间"的状况。更有甚者,在今三关口和大坝之间,也即明代长城的西关门,在嘉靖十年(1531 年)"役屯丁万人",挖修壕堑,结果是"风扬沙塞,数日即平","随挑随淤,人不堪其困苦"。这说明,植被严重破坏,部分地区出现沙化现象。

明代人口、战乱因素影响更甚过往,明"洪武五年(公元 372 年)废(宁夏)府徙其民于陕西。有人据此研究,当时明军为"北虏"而坚壁清野,将银川、灵武、鸣沙州等地居民迁到关内,使银川成为一座空城,使整个宁夏北部成为"真空地带"。可为时不久,大概这一战略无济于事,洪武"九年(公元 376 年)立宁夏卫徙五方之民实之"。人口大进大出,猛增猛减,莫不给贺兰山森林带来灾难。据《嘉靖宁夏新志》记载,贺兰山"自来为居人畋猎樵牧之场。弘治八年(1495 年),丑虏为患,逐奏禁之。然未禁之前,其患尚少,既禁之后,而患愈多。何也,盖樵牧之人,依穷岩绝壁结草庐、畜鸡犬。虏骑乘夜而入,鸡犬鸣吠达于瞭台,烽炮即举。每每兵至山麓,虏方进境,扼之无所掠矣,或闻炮即回。禁后,止以瞭台为恃,风雨晦冥,耳目皆所不及,往往获利出境始觉。是故患益滋矣。说者或谓:'林木采尽,恐通入寇之路'。殊不知木皆产于悬崖峻岭之间,非虏骑之所至者。使林木可以遏寇,岂特严于禁止,尤宜勤于栽植。"

四、清朝时期

清代更迫于人口压力,残余森林进一步受到摧残。乾隆四十五年宁夏北部人口达 135 万,占当时全国人口 27 755 万人的 4.87%。比 63 年前的明万历四十五年增加 107 万,净增

3.8 倍。为现今宁夏北部人口占全国比值 20‰的 2.4 倍。乾隆盛世"百余年来外番宾服,贺兰山进一步成了"人檃楠薪蘸之用,实取材焉"的地方。当时银川城里不仅有米市、猎市、骡马市,同时还有木市、柴炭市。征税中也就有木税这一项。可见伐禁一开,难能节制。吏治腐败,失于管理,也酿成森林的重大损失。据宁夏林业部门调查,清朝末年,在苏峪口发生过一次森林大火,火势从南向北,"殃及九条山沟,直烧到鬼头沟,历时两月余,遇暴雨方息"。苏峪口的火烧坡和裸露的大面积阳坡,就是那次火灾的遗迹。这九条沟,正当今日贺兰山自然保护区的中心地带。又据张古 1964 年访问一位 80 多岁的贺兰山老砍手:在 60 多年前,黄旗口沟一带起火,也是延烧数月,因雨自然熄灭。贺兰山森林反复遭到涂炭,但从植被景观的总体看,深山也还一定程度地保持了"深林隐映"和"万木笼青"的景观,山下荒漠草原也较现今为好。清初康熙三十六年(公元 697 年),著名学者高士奇随帝征讨噶尔丹,从宁夏黄河西岸北上直抵磴口,记曰"地多柽柳甚密,两岸新薄可充饥,沙上丛柳,为矢极佳,列子所谓朔蓬(柠条)之干也,金桃枝,皮如桃而金色,开花如迎春,不香,对之转增凄淡"。贺兰山浅山区同山下荒漠草原断续相连。高士奇对山下的描述,也间接反映了贺兰山冲积扇至浅山的灌丛草坡比后来为好。

晚清时期,社会动乱,战争频发,烧毁和砍伐林木在所难免。《朔方道志》卷九载:"清初,宁夏户口最为繁盛,道咸以降,迭遭兵燹,同治之变,十室九空"。"同治之变"即清统治者镇压回民起义的战争。这次战争波及范围广,投入兵力多,持续时间长,对西北地区社会经济包括自然生态的破坏,是特别严重的。宁夏是重灾区,战火波及到贺兰山下的每一个县。

森林植被的破坏,直接导致了部分地区的沙化。文献记载,贺兰山余脉今中宁县境内的双龙山,在明代还是一座林草茂盛的"青山",以开凿石空寺而闻名。在《崆峒题诗》中,就有"僧闲夜夜燃灯坐,遥见青山一滴红"的语句。但到了民国初年,山上吹下来的黄沙竟将石空寺淹没,而双龙山也成了一木不长的荒山。

五、民国时期

辛亥革命至中华人民共和国成立前夕,贺兰山森林沿着每况愈下的方向,日愈加快衰竭。据 1945 年下半年民国政府农林部农业调查团负责人王战带领宁夏省农林处技正安得顺、技工郭日升等人考察的结论是:森林地带南起三关口,北迄小松山,长约 100 km,估计共 18 500 hm²,合 185 km²,均属国有。天然林内,云杉为 6 600 hm²,合 66 km²;油松为 900 hm²,合 9 km²;其他林木约 1.1 万 hm²,合 110 km²。

贺兰山天然林,以山势之高低、气候之寒暖,分布有所不同。民国时期,科学工作者将贺兰山林区从下到上大致分为两界,即森林界与高山界,均属寒带林。森林界自下而上,又分为落叶阔叶林带、阔叶针叶树混交林带及常绿云杉林三带。

落叶阔叶林带,分布在山麓,所占面积甚狭。乔木主要为灰榆,兼有柳树,生长溪边及屋旁,为数较稀。灌木则颇茂密,种类亦多,率皆生于岩缝。常见者有蒙古扁桃、水枸子、单瓣黄刺梅、茶藨子、紫丁香、麻黄、虎榛子、忍冬等,均杂集丛生,高不及丈,夏秋季节花叶鲜明,别现景色。

阔叶针叶树混交林带,分布于山中腰稍下之处,面积尤狭。主要林木为云杉、油松、杜松、山杨、山柳及红桦等树种,中以山杨最多。灌木层主要有丁香及金银花,刺藨亦时见之。

常绿云杉林,分布于混交林上缘以至于山巅,面积甚大,占贺兰山森林之大部。为纯云杉林,林相发育良好,已呈郁闭状态。唯以滥伐之结果,云杉林常有间断,形成大片林窗,尤以阳坡(东坡)为甚。灌木则有金银木、金腊梅及高山锦鸡儿等。

由上述森林分布的情况来看,贺兰山林木数量最多,经济价值最大者,主要是油松及云杉。此二者木材质量好,用途广,因此也成为人们砍伐的主要对象。贺兰山的天然林资源,也主要指油松及云杉而言。下面将 1940 年经宁夏省建设厅调查队调查测定的贺兰山油松、云杉的生长、材积及采伐等情况,略述如下。

油松,其直径生长前 20 年甚微,25 年时之直径为 4.3 cm;25 年以后生长加速,生长速度最大时约在百年左右,百年时其直径为 34.2 cm。树高生长,幼年时较缓,渐长则生长渐速,生长最快时期约在 71 年,此时树高为 7.6 m。材积生长,前 30 年极微,30 年时之材积为 0.002 95 m³。50 年后则生长渐增,生长最速时在 102 年。可惜贺兰山当时尚无 102 年树龄之油松。

云杉,直径生长在前 25 年甚微,25 年时之直径为 1 cm;25 年后生长速度逐渐增大,最大时期之到达,较油松为近。树高生长,最高时期约在 135 年左右。前 40 年云杉之生长略较油松为大,过此时期,约至 95 年时,油松之生长又超过云杉,而 95 年后,复又相差不远。材积生长,前 35 年生长甚微,35 年之材积为 0.001 529 m³;35 年至 80 年生长速度则渐增大,85 年之材积为 0.376 5 m³;85 年后则骤形增大,材积生长最大时期,尚在 139 年以后。

据王战 1946 年考察当时贺兰山森林"其地权与产权均属国有。现由宁夏省政府及阿拉善旗政府监督并利用之"。"惟无论东坡西坡,倾斜度均在二十五度至六十度之间,加以羊群牧放,践踏所及,小道不可数计,以故表土剥落,多为雨水冲奔"。"山前人烟稠密,建筑繁宏,需木材特多,故森林破坏甚剧,只余岩骨一列,暴露于云表而已,分水岭脊稍东之谷中,有青海云杉、油松、杨及桦木等,由西坡延生,但面积狭小。山后人烟稀落,多系蒙胞设包而居,建筑极少。炊饭多用畜粪,需木材之处极罕,故西坡森林异常茂盛"。"山前森林以滥伐之结果已破坏无余,越山采伐日众。昔年只向阿旗政府每人交纳伐木税一元,即可入山任伐至一年之。数年前,全山有伐木夫二百余人。以成材渐少,约有百人。据告称,每工每日可伐木二十根,一季至少可伐二千根。又每工每日可伐桁条八根,每工一季可得木五百根,桁条三百根。再驮至定远营(今巴音)或省垣及平贺宁三县出售。木材市价以距山最近之定远营为最低,较山价高五倍……"。"副产物取自林木本身者,主为桦木皮,含单宁颇富,宁夏制革业均赖此种树皮之单宁制革,贺兰山中部以下此树昔年极多,近来采剥颇繁,已残存无几,且均为稚树"。王战还提到 20 世纪 40 年代贺兰山药材有黄芪、升麻、防风、乌药及黄精等,野兽有石羊、鹿、獾、野猪、松鼠、狼等。现今桦树已属稀见,野猪、松鼠等早已绝迹。

新中国成立前,贺兰山的天然林资源,由于遭受人为的过度采伐,资源遭到严重破坏,致使贺兰山木材寥寥,以至于到了没有百年老树的地步。宁夏建省以前,贺兰山木材由内蒙古阿拉善旗监督开采。1929 年宁夏建省后,额济纳、阿拉善二蒙旗划归宁夏省,木材采伐则由宁夏省政府与阿拉善旗政府双方监督执行之。据《宁夏资源志》记载:由标准地实测,贺兰山天然林(油松、云杉)木材的总储蓄量 443 358.6 m³,其中:油松每公顷为 2 760 株,其材积为 39.490 377 2 m³,900 hm²,计 2 484 000 株,材积为 33 741.334 m³;云杉每公顷为 1 370 株,其材积为 56.959 m³,6 600 hm² 计 9 042 000 株,其材积为 375 875.94 m³,合计共有林木 11 526 000 株,材积为 409 617.274 m³。

《宁夏资源志》记载了新中国成立前贺兰山木材的砍伐情况:每年由俗称"山头"的伐木者,向阿拉善旗政府纳税后,即可以进山采伐。伐木季节,为避免山顶之积雪崩塌及树皮易于剥落,限于 5 月至 9 月之间。凡云杉及油松、杜松年龄在 20 年以上者,长 3~4 m、直径 10 cm 以上、树干生长端直者,均行砍伐。20 年左右者多伐为盖房用的椽子,50 年以上者则多伐为桁条。出产木材之山沟,共计 16 条,出产最多者如雪练子沟、刀缺沟、大殿沟、下令南沟、哈喇坞沟、水磨沟等。中以哈喇坞沟出产木材最多,抗战前曾有砍木夫 170 余人,其他各沟各有 20 或 30 人不等。比如,赵家沟、大树沟、峡子沟、漕渠沟、赖子沟、冻子沟、小殿沟,所产木材较少,仅有伐木夫五六人至十来人。全山二百余人。抗战开始以后伐木夫减少,减至百余人。如以每人季伐椽子 500 根、桁条 300 根计算,每年的砍伐数量亦很惊人。据阿拉善旗政府统计,自 1937 年至 1942 年的 6 年中,贺兰山木材的砍伐量就达到椽子 79 万根、桁条 26.1 万根,共伐树 105.1 万株。抗战前与抗战胜利以后的砍伐量,可想而知。若非建国后的大力保护,贺兰山的天然林资源可能早就不复存在了。

明清以来至民国的 500 多年间,无穷尽的盲目开发利用和过度放牧,迫使林区大幅度萎缩,形成贺兰山第三次历史性大破坏。

第三节　新中国成立后贺兰山森林资源发展

新中国成立之初,百业待举,百废待兴,恢复生产、发展经济成为国家当时的首要任务,农业、工业生产和交通运输业的恢复与发展急需大量木材,人民生产生活迫切需要一个良好的生存环境。因此,新中国成立后,我国林业经历了以木材利用为主的发展阶段、木材生产和生态建设并重的发展阶段和以生态建设为主的发展阶段三个界段,贺兰山也不例外,经历了由破坏到保护的过程。

一、建国后贺兰山林地资源保护与发展

1. 贺兰山国有林权历史的变迁

清末及民国时期,贺兰山的天然林为公有。

中华人民共和国建立初期,贺兰山天然林划归国有,沿边一些不成林树木随土地分给贫雇农民。此后若干年由于政策调整,沿边林木权属几经变更。

1956 年 6 月 6 日,中共贺兰县县委《关于领导农林工作的决议提案的说明》确定:贺兰山林区由国家经营。

1961 年 11 月 14 日,宁夏回族自治区农业厅《关于划分林权经营管理问题的处理意见》指出:贺兰山、罗山、六盘山是宁夏仅有的三个天然林区,总面积 29.4 万 hm²,其中林地 13.3 万 hm²,属于天然次生林和灌木,这些资源,土改时已明确划归国有,并先后设立国有林场、经营所分别管理。

1979 年前后,由于林业政策不稳,林管部门体制多变,少数地方提出林权争议,其中有的个别领导人"嘴说手指"予以划定。1981 年 3 月 8 日中共中央、国务院《关于保护森林发展林业若干问题的决定》明确指出"凡是权属清楚的,都应予以承认,由县或县以上人民政府颁发林权证,保障所有权不变。

1982 年 5 月 8 日,宁夏回族自治区人民政府向贺兰山森林经营管理所颁发《林权证》。贺兰山林区总面积 15.78 万 hm²,其中有林面积 2.90 万 hm²。是年 7 月 1 日,宁夏回族自治区第四届人民代表大会通过《宁夏回族自治区天然林保护暂行办法》,明确指出贺兰山等"三处天然林区属社会主义全民所有"。

1990年8月,国家林业部批准《贺兰山国家级自然保护区设计任务书》,确定了保护区的经营范围:南起永宁县境内的三关,北止石嘴山市境内的苦水沟,东起山麓脚下,西止宁夏与内蒙古交界的分水岭,总面积为15.78万hm²。1991年3月4日宁夏回族自治区人民政府重新颁发《国有林权证》,确认贺兰山国家级自然保护区经营范围内的森林、林木、林地属全民所有,国家授权宁夏贺兰山国家级自然保护区管理局经营管理,其合法权益受法律保护,其他任何单位或个人不得侵犯。

2003年8月,国务院批准调整宁夏贺兰山国家级自然保护区保护范围。2004年7月29日,宁夏回族自治区人民政府再次颁发《中华人民共和国林权证》。宁夏贺兰山国家级自然保护区管理局的管理范围东:西夏王陵,西北煤机总厂及石谊甲和三柳高压线;南:银川至巴音浩特公路;西:宁夏和内蒙古行政区界;北:宁夏和内蒙古行政区界。总面积21.99万hm²,其中:国家级自然保护区面积,20.62万hm²,省级自然保护区面积1.37万hm²。2011年宁夏贺兰山国家级自然保护面积范围调整为19.35万hm²。

2. 林地管理的发展变化

宁夏解放后,省人民政府农林厅于1950年2月1日正式成立了贺兰山林区管理所。当年11月,宁夏省人民政府发布了《宁夏省贺兰山、罗山天然林保育暂行办法》,规定贺兰山东坡划为封山育林区,非经贺兰山林区管理所批准,人、畜一律不准入山,禁止一切砍伐、放牧、开垦等危害森林的行为。从此,贺兰山天然林停止了砍伐破坏,走上了培育、生息健康发展的道路,林区获得了新生。

1982年12月17日,宁夏回族自治区林业局批转贺兰山森林经营管理所《贺兰山林区工程施工炸山采石管理暂行办法》,要求炸山采石须在规定范围进行,不许狂轰滥炸,漫天采挖。并要求新开办的厂矿报宁夏回族自治区林业局审批,由贺兰山林管部门发证进行管理。1983年12月,贺兰山林管所依据《宁夏回族自治区天然林保护暂行办法》,对进入林区炸山采石或工程施工的单位依法进行管理,使贺兰山林政管理工作从此逐步纳入法制化管理轨道。

1985年6月国务院批准并公布了《森林和野生动物类型自然保护区管理办法》,据此,林管所依法加大了贺兰山南段的林政管理工作的力度。此后,宁夏回族自治区原林业厅先后与自治区土地管理局、自治区地矿局联合下发《关于贯彻国家林业部、土地管理局(关于加强林地保护和管理的通知)的通知》和《关于占用林地从事矿产资源勘查、开采活动有关事宜的通知》,统一印制《宁夏贺兰山自然保护区占用林地许可证》,贺兰山自然保护区管理局开始对贺兰山三关口以北、苏峪口沟以南的开山、采矿单位进行登记、造册清理整顿,并依法收取植被补偿费,使贺兰山林地管理进一步得到规范。

进入 20 世纪 90 年代,宁夏回族自治区人民政府发布了《宁夏回族自治区林地管理办法》,规定:经批准征用、占用林地单位和个人,必须向原林业经营者或者林地所有权单位支付林地补偿费、林木补偿费、森林植被恢复费和安置补助费。1994 年 10 月,宁夏回族自治区原林业厅、财政厅、物价局以宁林发[1994]127 号联合下发《关于收取征用、占用林地补偿费的通知》,以文件和收费许可证形式,明确了收费的政策性标准。 1995 年,宁夏回族自治区原林业厅转发了林业部《关于实行使用林地许可证的通知》,明确规定:凡在自治区境内征用集体林地和占用国有林地,必须经县级以上林业行政主管部门按审批权限审批,并发放《使用林地许可证》,否则视为非法使用林地。1998 年 8 月国务院国发明电[1998]8 号《关于保护森林资源制止毁林开垦和乱占林地的通知》和宁夏回族自治区人民政府《关于切实保护森林资源制止毁林开垦和乱占林地通知》下发后,贺兰山管理局对保护区占用林地厂矿企业进行清理整顿。由于政策到位,措施得当,成绩显著。

2005 年至今,为进一步加强和规范保护区林地管理,管理局制定了《林地管理办法》和《责任追究制度》;实行林地审核权、林地现场勘验权、林地监督权相互制约、相互监督的管理体制;同时加强林业行政执法队伍的建设,使保护区林地管理共走走上了法制化、规范化道路。

二、新中国成立后贺兰山森林资源的发展与变迁

贺兰山分布广阔、源远流长的森林资源,成就了 4 000 年银川平原的历史文明,也经受了兵火战乱,肆意樵牧的蹂躏和浩劫。民国以前,社会动乱,森林法规形同虚设。新中国成立后,党和各级人民政府及主管部门不断完善和强化森林法规建设,确定国有林权,开展林地管理和野生动植物保护,使之得以恢复和发展。

1. 新中国成立初期(1950~1970 年)森林资源状况

贺兰山林地面积(有林面积+疏林地面积+灌木林面积,下同)26 828.6 hm²。其中有林面积 9 827.1 hm²,疏林地面积 4 998.5 hm²,灌木林地面积 12 003.0 hm²,林木覆盖率(林地面积/土地总面积)为 17.0%,森林覆盖率 13.8%,全林区活立木总蓄量为 53.8 万 m³,其中有林地蓄积量为 40.4 万 m³。

2. "四五"时期(1970~1975 年)森林资源状况

贺兰山森林面积 1.36 万 hm²。其中,乔木林 1.0145 万 hm²,占 74%;灌木林 0.35 万 hm²,

占 26%；总蓄积量为 17.1 万 m³(不含散生木和灌木林蓄积)；此外，约有 900 hm² 的近成熟的山杨林已处于衰老阶段，蓄积量为 9 万 m³，有待砍伐利用。天然乔木林中由以壮龄林比重最大，占总乔木林面积的 98%。

3. "五五"期间(1975~1980 年)森林资源状况

贺兰山林地面积 20 171.6hm²。其中：有林面积 12 903.4 hm²，5 年增加 990.2 hm²，年均增加198.0 hm²；疏林地面积 2 905.8 hm²，5 年减少 107 hm²，年均减少 21.4 hm²；灌木林面积 4 362.4 hm²，5 年减少 1 850.7 hm²，年均减少 370.1 hm²。林木覆盖率为 12.8%，森林覆盖率为 10.9%，分别比 5 年前减少 0.6 和 0.6 个百分点。活立木总蓄积量 115.16 万 m³。

4. "六五"期间(1981~1985 年)森林资源状况

贺兰山林地面积 19203.9 hm²。其中：有林面积 13 893.5 hm²，比 5 年前增加 990.1 hm²，年均增加 198.0 hm²；疏林地面积 2 798.7 hm²，5 年减少 107.1 hm²，年均减少 21.4 hm²；灌木林面积 2 511.7 hm²，5 年减少 1 850.7 hm²，年均减少 370.1 hm²，林木覆盖率为 12.2%，森林覆盖率为 10.4%，分别比 5 年前减少 0.6 和 0.5 个百分点。活立木总蓄积量为 143.2 万 m³，其中有林地蓄积量为 127.8 万 m³，10 年增加了 28 万 m³ 和 25.4 万 m³，平均增加 2.8 万 m³ 和 2.54 万 m³，净生长率为 2.17%和 2.2%。

5. "九五"时期(1986~2000 年)森林资源状况

贺兰山林地面积 29 091.3 hm²，15 年增加了 9 887.4 hm²，年均增加 659.2 hm²。其中，有林面积 15 年增加 3 333.9 hm²，年均增加 222.2 hm²；疏林地面积增加了 1 353.5 hm²，年均增加 346.7 hm²；灌木林面积增加 1 353.5 hm²，年均增加 90.2 hm²，林木覆盖率为 18.4%，森林覆盖率为13.4%，分别比 15 年前增加 6.2 和 3 个百分点。活立木总蓄积量 175.6 万 m³，其中有林地蓄积量为 162.6 m³，15 年增加了 32.4 万 m³ 和 34.8 万 m³，年均增加 2.16 万 m³ 和 2.32 万 m³，年净生长率为 1.36%和 1.60%。

6. "十五"时期(2001~2010 年)森林资源状况

宁夏贺兰山国家级自然保护区管理总面积 193 535.68 hm²。其中，有林地面积 18 635.3 hm²，疏林地面积 7 829.3 hm²；灌木林地面积 8 973.7 hm²；未成林造林地面积 343.1 hm²；宜林地面积 155 342.88 hm²；林业生产辅助用地 2.8 hm²。贺兰山林地面积 215 661.4 hm²，占保护区总土地面积的 97.3%。保护区森林面积 27 609.0 hm²，森林覆盖率 14.3%，林木绿化率 14.3%，活立木总蓄积 1 320 721.7m³。

第四节 贺兰山森林资源变迁的主要原因

从有历史记载,贺兰山森林一直是由多变少,由优变劣,由原始的天然林变成天然次生林,然后变成荒山荒地。贺兰山森林减少的主要原因包括以下几方面。

一、开垦农田

贺兰山周边从原始农业发展到现在,开垦农田一般多是毁林开垦,且从未终止。由平原开垦到丘陵岗地,由低山开垦到高山,既有原始的"刀耕火种",也有现代的"机械开垦",许多森林就是这样被毁掉。

二、战争

在战争中,需要修建营寨、堡垒等工事,还需制造大批战车、战船、滚木、弓箭、云梯、兵器等。战争中,森林常常作为双方进攻和防御的对象而受到摧残。为了胜利,不惜采用火攻,有时还要"伐山开道"或"伐木塞道",必然毁掉大面积森林。

唐、宋、元 3 代,尤其将近 200 年的西夏,是贺兰山森林第二次历史性大破坏时期。对此历史上不乏有识之士以各种形式发出过保护森林的呼吁,如宋代张舜民《西征》诗曰"灵州城下千株柳,总被官军砍作薪,他日玉关归去路,将何攀折赠行人"。灵州距贺兰山如此之近,灵州城下千株柳都难保,贺兰山上万株松更难幸免于难。

到了明代,对贺兰山产生严重消极影响的,莫过于长城的修建。数万兵丁役夫涌来,建造营房、炊事取暖、施工架木、箩筐扁担,无一不用木材。长城修好后,调遣重兵把守,用材烧柴,全要仰仗贺兰山。加上常年不断的樵牧采伐,更加剧了贺兰山林木的消耗,清代更迫于人口压力,残余森林进一步受到摧残。乾隆盛世"百余年来外番宾服,贺兰山进一步成了"人榱桷薪蘸之用,实取材焉"的地方。晚清时期,社会动乱,战争频发,烧毁和砍伐林木在所难免。《朔方道志》卷九载:"清初,宁夏户口最为繁盛,道咸以降,迭遭兵燹,同治之变,十室九空"。"同治之变"即清统治者镇压回民起义的战争。这次战争波及范围广,投入兵力多,持续时间长,对西北地区社会经济包括自然生态的破坏,是特别严重的。宁夏是重灾区,战火波及到贺兰山下的每一个县。

三、统治阶级大兴土木,滥伐森林

历代帝王为修建宫殿而滥伐森林。西夏建都兴庆(今宁夏银川)建造了逶迤数里、富丽堂皇的殿宇,又在贺兰山之东营造规模宏伟的离宫,滥伐了贺兰山及西北林区的大面积森林。到明清时期,朝廷大兴土木的规模更是盛况空前,其工程重点是皇宫建筑群以及坛、殿、楼、府、离宫等,为此,派官吏大肆采伐林木。此外,民间滥伐森林日益严重,各地伐木商人在山场砍伐,伐区无人管理,因而许多森林遭到乱砍滥伐而被破坏。

四、森林火灾

各历史时期,因刀耕火种及采用火猎法狩猎引起的森林火灾相当普遍。乾隆时期,吏治腐败,失于管理,也酿成森林的重大损失。据宁夏林业部门调查,清朝末年,在苏峪口发生过一次森林大火,火势从南向北,"殃及九条山沟,直烧到鬼头沟,历时两月余,遇暴雨方息"。苏峪口的火烧坡和裸露的大面积阳坡,就是那次火灾的遗迹。这九条沟,正当今日贺兰山自然保护区的中心地带。又据张古1964年访问一位80多岁的贺兰山老砍手在60多年前,黄旗口沟一带起火,也是延烧数月,因雨自然熄灭。此外,在森林附近冶矿、烧炭、烧砖瓦以及其他野外用火等,都可能引起森林火灾。

五、伐木为薪

唐宋时期以后,各种手工业大发展。当时银川城里不仅有米市、猎市、骡马市,同时还有木市、柴炭市。征税中也就有木税这一项,可见伐禁一开,难以节制。至于民间因炊事和取暖,消耗的森林资源数量更是惊人,每户每年至少要消耗一亩的森林。先是居民点附近的森林被砍光,然后向周围林区蔓延,导致森林的破坏。新中国成立后,在备战备荒时期,贺兰山归属军马场管辖时,在贺兰山天然林最集中的苏峪口进行大量砍伐林木,使贺兰山森林遭到很大损失。

第三章　森林资源调查与管理

森林资源调查与管理贯穿于森林的培育、保护、利用的全部过程和各个环节,涉及林政管理、资源调查、资源监督等重要内容。因此,森林资源调查与管理是林业工作的重要组成部分,在林业发展全局中具有不可替代的作用。

第一节　森林资源调查

森林资源调查是根据林业和生态建设、生产经营管理、科学研究等的需要,采用相应的技术方法和标准,按照确定的时空尺度,在特定范围内对森林资源分布、数量、质量以及相关的自然和社会经济条件等数据进行采集、统计、分析和评价的工作。森林资源调查成果是编制林业区划、规划、计划、开展科学研究,指导和监督林业生产经营,评价森林经营管理效果、林业和生态建设成就以及制定林业方针政策等的基础信息。

一、森林资源调查目的

森林资源是国家自然资源的重要组成部分,是林业和生态建设的物质基础,是森林资源管理和经营活动的主要对象。离开了森林资源,林业和生态建设就成了无源之水,无本之木,森林资源管理和经营活动就无从谈起。要搞好林业和生态建设,取得良好的森林经营管理效果,必须开展森林资源调查工作,摸清森林资源"家底"。因此,森林资源调查是林业和生态建设的基础工作,是科学经营管理森林的必要手段。森林资源调查的主要任务是采用科学方法和先进技术手段,查清森林资源分布、数量、质量、消长变化状况及其变化规律,摸清森林生长的自然、经济、社会客观条件,从而进行综合分析和评价,全面准确地提供林业和生态建设所需的森林资源调查成果资料,为国家或地区,乃至森林经营单位制定林业方针政策,编制林业区划、规划、计划,指导林业生产提供基础资料,为实现森林资源合理经营、科学管理、永续利用和持续发展,充分发挥森林生态效益、经济效益、社会效益服务。

随着国家对林业和生态建设日益重视，森林资源调查的地位和作用得到了不断提高，调查机构和队伍得到了不断发展。加强森林资源调查工作，已成为当今各级政府和林业部门以及森林经营单位，为实现现代化森林经营管理必不可少的重要环节。没有可持续发展的森林资源，就没有可持续发展的林业，因此，林业工作的出发点和落脚点，就是要增加森林资源数量，提高森林资源质量，促进森林资源持续发展。森林资源是有生命的、可再生的自然资源，其本身有着生长和死亡的发展规律，同时，由于受自然环境和人类活动、自然灾害等影响，其数量、质量和分布时刻处于变化状态中，人们要经营、管理、保护、利用好森林，就必须定期和不定期地进行森林资源调查，及时掌握森林资源状况，了解其消长变化动态。因此，森林资源调查是林业和生态建设的先期性、超前性和基础性工作。

二、森林资源调查类型

由于我国地域辽阔，自然条件复杂，植物种类繁多，森林类型多样，林业和生态建设、生产经营管理、科学研究等对森林资源信息的需求各异，因此，在森林资源调查工作中，对处于不同地域和不同环境条件下的森林资源，需要采用不同的调查方法，同时，针对林业和生态建设、生产经营、科学研究等诸多方面的不同需要，森林资源调查所采用的调查方法也不同。我国的森林资源调查经过 50 多年的实践，初步形成了符合我国林业发展的一套较为完整的调查体系，我国的森林资源调查一般分为五大类，包括森林资源清查、森林资源规划设计调查、森林采伐更新作业设计调查、专项调查、专业调查等。

贺兰山森林资源调查工作从新中国成立前就有记载，但大多都是局部的考察，新中国成立后，森林资源调查随着国家森林资源调查体系的形成，也逐步形成完善的调查体系。贺兰山森林资源调查大体有森林资源考察、局部森林资源调查、森林资源清查、森林资源规划设计调查、专项调查综合考察等类型。

（一）森林资源考察

作为我国干旱与半干旱区的界山和我国六大生物多样性中心之一的贺兰山，早就引起了中外学者的高度关注。从 19 世纪下半叶开始至新中国成立前一直就没有中断过各种探险队、考察团及中外学者的考察和采集。其中以俄国地理学会组织的"亚洲中部探险队"在贺兰山的考察活动最多，从 19 世纪 70 年代至 20 世纪初，考察就达 4 次之多，所取得的资料成果也最多。美国华府国立地理学会组织的甘蒙考察团，其考察也把贺兰山列为重点考察区，我国旧国民政府的北平研究院植物研究所、西安国立西北农林专科学校也分别派员到贺兰山作过专门采集。这些考察采集成果，成为现今研究贺兰山动、植物的重要考察资料。

1. 俄国人亚洲中部探险队对贺兰山的考察

1871 年俄国探险家 N·普热瓦尔斯基(N. Przewalski),在他第一次亚洲中部探险时三次登上贺兰山。1870 年受俄国地理学会派遣,9 月 22 日第一次登上贺兰山,这一次普氏主要是捕猎野生动物,在山里呆了两周时间,打了一只马鹿,三只岩羊和一只麝,鸟类最多,其中有一只蓝马鸡。普氏在第一次亚洲中部探险后,1875~1876 年出版的《蒙古与唐古特人地区》一书中,记载贺兰山蹄类哺乳动物有马鹿、麝、岩羊、班羚(青羊),北部低山区有盘羊。他认为贺兰山的动物区系与阴山山脉不同,阴山山地动物是北部蒙古种,而贺兰山则是南部喜马拉雅种。俄国动物学家 Bobrinski 根据普氏捕猎的马鹿标本,定了一个阿拉善新亚种。普氏本人也对鸟类发表了一些新种和新亚种。1973 年 6 月初到 7 月初中,用了一个半月的时间重点在贺兰山区进行考查和采集。据普氏记载,这一次他采集了大量植物标本和部分动物标本。1880 年 8 月底至 9 月初普氏第三次登上贺兰山,这次考察的时间较短,采集的动、植物标本也不多。

另一次大规模的亚洲中部考察是由科兹洛夫(P. K. Kozlov)领导的,期间,他的考察队队员契图尔津(S. S. T. chetyrkin)于 5 月下旬登上了贺兰山,采到一批春季开花植物,弥补了普热瓦尔斯基以前两次采集的不足。

俄国人在贺兰山考察所采集的植物标本,都集中到俄国科学院圣彼得堡植物园,由当时著名的植物分类学家马克西莫维奇(J. Maximowcz),莱格尔(E. A. Regel)和后来得柯马洛夫(V.Komarov)等进行研究,研究成果发表在俄国科学院汇刊上。

2. 美国甘蒙考察团在贺兰山的考察

1923 年美国华盛顿国立地理学会派 E·沃尔森(F. R. Wulsin)来我国组织"甘蒙科学考察团"。包括人文、动物、植物三个组,当时在南京东南大学任教的秦仁昌负责植物组的考察和采集工作,于是年 5 月上旬登上贺兰山,在贺兰山考察 7 天,秋季再次上贺兰山,又进行了秋季植物的考察和采集,采集到大量的植物模式标本。这批标本由美国纽约植物园瓦尔克(H. W.allker)进行了整理鉴定,于 1941 年发表了《秦仁昌在中国蒙古南部和甘肃省所采集的植物》(Plants Collected by R. C. Ching in Southern Mongoliu and Kansu Provicnce)一书,报道了这次考察成果,报道 100 余种植物,其中发现了几个新种或新变种。秦仁昌自己也于 1941 年在北平静生生物调查所的《静生生物调查汇报第十卷第五期》〔Bull. Fan Memor. Inst. Biol.(Bot)10(5):257–263〕用英文发表了《内蒙古贺兰山植物采集记略》(A. botanical trip in the Ho La Shan, Inner Mongolia）。

3. 北平研究院植物研究所与西北农林专科学校对贺兰山的考察与采集

20 世纪 20 年代开始，我国先后成立了自己的生物学研究机构。1933 年 8 月，国立北平研究院植物研究所夏纬英登上贺兰山，在山上采集数日，采集植物标本近 100 号，其中有数个新种。与夏纬英同时，国安国立西北农林专科学校教师白荫元，也于 8 月份登上贺兰山，也采集到了数个新种。

（二）森林资源调查局部调查

1. 宁夏建设厅林务局调查

在 20 世纪 20 至 40 年代，贺兰山东西侧均属宁夏省管辖。阿拉善额鲁特旗虽属宁夏省疆域之一，将行政上仍自立分治，由蒙古王公统治。1940 年 9 月 20 日~11 月 6 日宁夏建设厅林务局组织了对贺兰山全境（南起三关口，北至石嘴山）的森林植被调查。考察结果由冯钟粒在《建设丛刊》上发表了《贺兰山森林调查报告》一文。该文第一次较详细地报道了贺兰山森林植被的垂直分布情况，将贺兰山垂直分异划分为高山界、森林界和平野界三个植被带。在森林界中自上而下的又分出常绿云杉林带、针叶树阔叶树混交林带和落叶阔叶林带。对每个森林类型还进行了描述，估算了贺兰山森林面积；后山云杉林 5 400 hm²，油松 900 hm²。植物区系按刘士林（刘慎谔）所分之中国华北植物地理而论，属蒙古区。最后对云杉、油松、杜松等主要树种进行了较细致的林学特征记述。记载的树种达 30 种之多。有假柏、麻黄、山杨、毛柳、筐柳、红桦、山榆、刺柏、大黄连、茶藨子、野杏、水栒子、灰栒子、野蔷薇、野珍珠梅、金腊梅、黄腊梅、冬青、琉璃枝、紫丁香、白丁香、小叶金银花、秦岭忍冬、石兰条、马鞭草科一种等。这是贺兰山植被的早期研究成果和重要数据资料。

2. 宁夏国民政府农林部宁夏农业调查团调查

1944 年 7 月，国民政府农林部宁夏农业调查团王战等人在省农林处技正安得顺及技士郭日升的陪同下，合作进行贺兰山天然林复查，历时两周。面积调查采取民间通常围绕山林走一圈或从山林中"十"字穿行的办法进行估算，贺兰山森林面积 1.89 万 hm²。

（三）森林资源清查

森林资源清查传统通称为一类调查。20 世纪 60 年代中期以后，以数理统计为基础的抽样技术在森林资源调查中广泛应用，而且，全国各地相继又进行了多种抽样调查方法的试验和应用，如两阶和多阶抽样、回归估测、双重回归抽样等调查方法，为我国开展森林资源连续清查做好了技术准备。

进入 20 世纪 70 年代,考虑到以往森林资源调查方法,都是一次独立性调查,前后期调查结果缺乏连续性、可比性,得不到确切的资源消长变化动态信息,为此,我国曾组织了多次新技术方法的探索和试验。1977 年农林部决定在全国建立森林资源连续清查体系,首先在江西省组织了全国试点工作,取得成功后,于 1978 年开始,先后在全国各省(区、市)全面开展。这种清查是以省(区、市)为总体,以数理统计理论为基础,根据预定精度要求和系统抽样原则,在地面设置固定样地,精确进行测定,通过每五年间隔期,进行重复调查,能准确地获得森林资源现状和森林资源消长变化动态,掌握资源变化规律,分析林业经营效果,预测森林资源变化趋势。

随着科学技术的发展,新技术在森林资源调查领域中得到了广泛应用,如航天遥感,已广泛应用于森林资源清查中,对大面积的牧草地、沙漠、戈壁、雪山等非林地,直接通过卫星照片判定地类,不再需要到现场进行调查。电子计算机、地理信息系统、全球定位系统和手持掌上电脑等技术已广泛运用于森林资源调查、规划设计和资源管理工作中,并取得较好成效。

贺兰山森林调查也经历了探索和发展,至 1990 年,随着宁夏森林资源清查体系的建立和完善,逐步纳入全区森林资源清查工作中。目前,已按照 1994 年林业部制定并颁发了《国家森林资源连续清查主要技术规定》和 2004 年国家林业局为适应新时期林业跨越式发展和生态环境建设的需要,推进由木材生产为主向以生态建设为主的历史性转变,颁发的《国家森林资源连续清查主要技术规定》进行了四次调查。

1. "四五"清查

在 1973~1975 年,将贺兰山林区(包括现内蒙古自治区阿拉善管辖的在内)作为一个总体,六个副总体,利用森林资源规划设计调查方法,用二万五千分之一地形图和二万五千分之一航片实地调绘求算出各类面积。首次编制出云杉、油松、山杨、杜松等主要树种的一元立木材积表。

2. "五五"清查

1979 年对天然林区的蓄积和人工林进行调查,面积采用了"四五"清查数据,调查将全区作为一个总体,四个副总体,贺兰山与罗山合并为一个副总体,布设 0.06 hm² 样地进行调查。

3. 清查体系建立

1990 年按国家统一要求将全区森林资源连续清查体系(简称连清体系,又称一类调查)

作为一个总体统一布设样地。在五万分之一地形图上,按 2 km×2 km 的间距机械布点,贺兰山布设 518 个固定样地,全部进行现地样地调查,由此计算各林分蓄积量。截至目前分别为 1995 年、2000 年、2005 年、2010 年进行了四次复查。

（四）森林资源规划设计调查

规划设计调查是我国开展得较早的森林资源调查,通称为二类调查。70 多年前,林学家侯过教授就主持编制了中山大学白云山示范林场设计方案。新中国建立后,森林调查规划工作积极开展起来。1951 年,中央林垦部在黑龙江省带岭林业试验局松岭林场进行了全国第一次森林经理试点,确定采用方格区划调查方法,这种方法虽然费工费时,但精度高,这在当时大面积的原始林区缺乏资料与仪器的情况下,不失为一种可行的调查方法。1954 年,在苏联专家的帮助下,林业部在大兴安岭林区开展了航空摄影,并利用 1∶25 000 比例尺航片进行森林经理调查,具体方法是采用相片平面图、纠正相片略图和图解平面图等方法,编绘基本图,并利用航片进行林班、小班区划和小班调查,加快了森林经理工作的速度。嗣后又在国营林场、集体林区、北方少林地区、自然保护区和森林公园开展了一系列森林规划设计调查及试点工作。

经过多年实践与总结,我国二类森林资源调查的技术方法还是比较丰富的。目前普遍采用的是回归估计、抽样控制总体和目测方法。回归估计就是利用辅助因子,来提高主要因子的精度,在抽样强度相同时,它比简单随机抽样精度要高。另外,在有条件的情况下,还可采用多元回归估计方法,充分挖掘航空相片定量定性的潜力,从而大大提高调查的速度和质量。抽样控制总体方法,一般是以林场或行政乡为总体,在总体内结合小班随机布设样地,这种方法一般是近期不开发或经营强度要求不高,才予以采用。目测方法的前提是要由经过训练、积累一定的实际工作经验并能掌握被调查林分生长规律的人员来完成。调查时,还可以使用各种辅助调查工具。调查结束后,应通过一定数量地面样地进行验证。

贺兰山森林资源规划设计调查始于 1956 年,当年仅对贺兰山、罗山林区进行了调查,用经纬仪沿山脊测量一条基线,用罗盘仪测量调查线路,采用交会和目视现地调绘的方法进行。此后,在 1960 年、1962 年、1972 年均采用地形图现地调绘的方法进行调查,都是对贺兰山部分区域进行的调查,并没有开展全面调查。在 1981~1986 年期间,宁夏开展"六五"清查工作,第一次全面采用地形图现地调绘的方法对贺兰山进行森林资源规划设计调查。以上数次调查,无论是对局部,还是对全部进行调查,其实质均是采用地形图现地调绘和测量的方法进行调查。2006 年,宁夏采用先进的"3S"技术对贺兰山进行全面调查,建立森林资源规划设计调查地理信息平台。为贺兰山自然保护区定期开展森林资源二类调查,编制森林经营方案、森林资源的科学经营管理,合理开发利用,编制林业建设规划,乃至为当地社会经济发展规划提供科学依据。

1. 甘肃省原林业调查队的调查

中华人民共和国成立后,甘肃省原林业调查队一行 9 人,用了两个月时间对贺兰山林区进行了森林资源调查,这是贺兰山林区最早的较为正规的森林资源调查。调查使用经纬仪沿山脊测量一条基线,森林罗盘仪测量调查线,交会或目视勾绘林区范围、林地界线,蓄积量用目测法。调查贺兰山林地面积 2.68 万 hm²。

2. "六五"和"九五"调查

1985~1986 年期间,由宁夏林业厅组织调查人员,采取利用近期航摄照片判读与相应小班实测回归抽样的方法,根据数量化相片林分蓄积量表计算蓄积量。

1998 年,宁夏林业厅根据工作需要,采用地形图勾绘图班的调查方法,针对林地进行面积调查,而对蓄积量没有进行调查。

3. 森林资源"十五"调查

本次调查采用"3S"[地理信息系统(GIS)、遥感(RS)和全球定位系统(GPS)]技术,利用具有高光谱特征、高空间分辨率的 SPOT5 航天遥感数据,目视判读区划土地类型、自然地理环境和生态环境因子;通过建立调查蓄积与遥感因子、地理环境因子、林分因子之间的多元回归模型,定量估测小班蓄积量或现地实测蓄积的方法进行。调查的精度等级为 C 级、调查范围为宁夏贺兰山国家级自然保护区全境,调查总面积为 193 535.68 hm²。

本次调查初步建立了贺兰山森林资源信息管理系统。为我们提供了贺兰山森林资源可视化和数字化管理技术平台,解决了调查成果图、表、卡分离、陈旧不变的"死档"技术难题,使森林资源数据能够实时更新,统计图表成果"一键即出",使森林资源管理逐步走向科学化、规范化和标准化,提升了森林资源经营管理和动态监测水平,为森林资源调查数据更科学、更有效、更全面、更可靠、更及时的服务于国民经济发展。

表 3-1　贺兰山森林资源调查情况　　　　　　　　　　　单位：hm²

项目	调查日期	地区	调查面积	承担单位
宁夏成立前后	1956 年月	贺兰山林区	133874	甘肃省林业调查队
"四五"清查	1968 年~1969 年 1974 年	贺兰山林区包括 内蒙古、宁夏	5369432051	宁夏农业厅综合勘察队 贺兰山林管所综合勘察队 固原地区调查队 贺兰山林管所、军马场、宁夏农学院
"五五"清查	1979 年	贺兰山天然林区和 人工林(宁夏)	157812.9	综合勘察队、固原地区林勘队 贺兰山等三个林管所
"六五"清查	1983 年	贺兰山林区(宁夏)	157812.9	贺兰山综考办/宁夏林勘院 贺兰山等三个林管所
连续清查	1990 年	贺兰山林区(宁夏)	157812.9	宁夏林勘院、固原地区林勘队 西北监测中心完成内业
连清复查	1995 年	贺兰山林区(宁夏)	157812.9	宁夏林勘院、固原地区林勘队 各县市林业局 六盘山和贺兰山自然保护区管理局
"九五"清查	1999 年	贺兰山林区(宁夏)	157812.9	宁夏林勘院、固原地区林勘队 各县市林业局 六盘山和贺兰山自然保护区管理局
"十五"清查	2006 年	贺兰山林区	221669.0	宁夏林业调查规划院 贺兰山林管局

(五)各类森林资源专项调查

1. 林地征占用调查

林地征占用调查是按照有关林业用地征占用政策规定和国家林业局相关技术规程,依法对林地征占用情况进行核查的一种森林资源调查。主要目的在于有效防范林业用地流失、确保林地用途正常流转和变更。调查重点内容是征占用地手续是否合法有效,征占用地范围、规模是否与审核审批权限相一致,征占用林地数量、地点、规模是否与批复内容相一致。具体调查对象是上一年度经林业主管部门审核审批的占用征用林地的建设工程以及违法占用征用林地的建设工程。调查采取听取汇报、查阅资料、核实举报、社会调查和现地调查相结合的方法进行。

贺兰山林地征占用调查始于 1987 年 1 月,国家林业部印制了全国统一的《使用林地许可证》,下发了《关于占用林地从事矿产资源勘查、开采活动有关事宜的通知》,规定:任何单位和个人,凡占用林地从事矿产资源勘查、开采活动,须先征得林业主管部门的书面意见,向矿管部门依法申请,经核准后,履行登记手续,领取勘查、采矿许可证,在规定的范围内从事经营活动,方具法律效力。是年,《宁夏回族自治区贺兰山林区工程设施炸山采矿许可证》

改换为《宁夏贺兰山自然保护区占用林地许可证》。管理局开始对贺兰山三关口以北、苏峪口沟以南的开山、采矿单位进行登记、造册清理整顿,并依法收取植被补偿费。自此,贺兰山林管局先后依据国家林业局、宁夏回族自治区人民政府、宁夏回族自治区林业局等单位先后出台的《宁夏回族自治区林地管理办法》《关于收取征用、占用林地补偿费的通知》《关于实行使用林地许可证的通知》《占用征用林地审核、审批管理办法》等,规范占用、征用林地的审核和审批。先后对征占林地 200 多项进行调查,调查总面积 729.25 hm²。

2. 营造林实绩综合核查

营造林实绩综合核查是指各级地方林业主管部门自查的基础上按照统一标准采取抽样调查的方法,对各省(区、市)营造林实绩、成效进行统一核查。国家林业局自 2001 年起,在全国人工造林(更新)核查的基础上,开展全国营造林实绩综合核查。其目的在于及时掌握各省(区、市)林业生产单位依据林业重点工程建设计划、营造林作业设计所确定的营造林任务的完成情况及其成效,以进一步加强全国营造林质量管理与监督,监测和评价全国营造林及林业重点工程建设的实绩与成效,为林业宏观决策及林业重点工程管理提供科学依据。核查对象为各级林业统计口径上报的上一年度人工造林(更新)、飞播造林、封山育林完成面积,人工造林(更新)3 年后的保存面积,以及飞播造林、封山育林达到成效年限(南方省份 5 年、北方省份 7 年)的成效面积,其中包括国家林业重点工程营造林建设任务的完成面积。宁夏贺兰山营造林核查是自 20 世纪 90 年代开始,主要是对天然林保护工程项目进行核查。

3. 生态公益林界定与认定调查

公益林区划界定工作是林业分类经营的基础,是实施林业可持续发展战略的重要环节,是《森林法》赋予的一项法定性工作。从中国生态环境建设保护和林业产业发展现实需求出发,我国采取森林分类经营、分类管理方式,从宏观上协调木材生产和生态环境保护的矛盾。贺兰山生态公益林界定与调查在 2004 年进行,就是按照《国家林业局财政部重点公益林区划界定办法》(林策发[2004]94 号)第七条所规定的全国生态公益林划定标准要求,所进行的森林资源调查、区划界定和核查工作。目的在于为生态公益林区划界定提供基础资料,为确保区划界定符合标准要求,从而为进一步采取相应的措施、调整界定结果提供依据。调查的主要内容包括环境重要性、生态脆弱性、相关的社会经济条件等调查因子。

贺兰山生态公益林界定是管理局根据宁夏回族人民政府办公厅《关于在全区开展森林分类区划界定的通知》(宁政办发[2001]39 号)精神,于 2001 年 5 月至 7 月在保护区开展森林分类区划界定。区划利用 1999 年森林二类资源调查资料,依据《宁夏回族自治区森林分类区划界定工作方案》及《森林分类区划界定操作技术细则》要求,进行两类林及二级林种区划。

2003 年 3 月 14 日,宁夏回族自治区林业局《关于对县级天然林资源保护工程实施方案审定的通知》中要求,在原天保工程实施方案中要增加"天保工程"森林分类区划内容,并落实到小班。

宁夏贺兰山国家级自然保护区的林地权属为国有,以保护生物多样性,维持生态平衡为经营目的,权属清楚,经营目的明确。保护区全部为特种用途林(禁伐区),二级林种均为自然保护区林,事权等级均为国家级,所以林地全部区划为生态公益林,是重点生态保护区。工程区总面积 237 万亩,林业用地面积 111.19 万亩,其中,有林地面积 26.16 万亩,疏林地面积 11.03 万亩,灌木林地面积 4.00 万亩,无林地面积 70.00 万亩,非林业用地面积 125.81 万亩,马莲口管理站重点生态公益林面积 44.70 万亩,林班号为 1—31 号,林业用地面积 44.70 万亩,其中,有林地面积 6.00 万亩,疏林地面积 0.60 万亩,灌木林地 0.75 万亩,无林地面积 37.35 万亩;苏峪口管理站重点生态公益林面积 39.60 万亩,林班号为 32—61 号和 165 号,林业用地面积 39.60 万亩,其中,有林地面积 11.85 万亩,疏林地面积 3.00 万亩,灌木林地面积 1.65 万亩,无林地面积 23.10 万亩;大水沟管理站重点生态公益林面积 152.70 万亩,林班号为 62—137 号和 139—141 号,林业用地面积 26.89 万亩,其中,有林地面积 8.31 万亩,疏林地面积 7.43 万亩,灌木林地面积 1.60 万亩,无林地面积 9.55 万亩,非林业用地 125.81 万亩。

(六)专业调查

林业专业调查包括森林土壤调查、立地类型调查、森林更新调查、森林病虫害调查、编制林业数表、森林生长量调查、森林多种效益计量调查与评价、野生经济植物资源调查、野生动物资源调查、林业经济调查、造林典型设计、森林经营类型设计和林业专业调查技术工作管理等内容,部分内容是二类调查的重要组成部分。林业专业调查的内容取决于具体调查目的和任务,其调查成果直接为林业调查、区划、规划、设计和林业生产建设等提供基础数据。

1. 森林土壤调查

森林土壤是森林资源的重要组成部分。土壤调查的目的在于查清土壤资源,为立地类型划分、森林资源空间配置决策、造林、经营设计提供科学依据。

森林土壤调查主要任务是查清土壤类型、分布及数量,确定土类、亚类、土属、土种和变种,并对质量给予综合评价。编制的土壤分布图比例尺与造林设计图一致;以森林资源二类、三类调查为目的的森林土壤调查,内容与前一种相同。但土壤分布图可以根据小班调查填写的土壤类型转绘,比例尺与相应的图一致;以林业区划、规划和森林资源一类调查为目的的森林土壤调查,主要确定土壤类型、成土过程、分布规律和土壤主要属性。森林土壤调查侧重查清土壤与森林分布、林木生长的关系,不同造林树种对土壤条件的要求和各种林业土壤管理措施等。森林土壤调查方法分概查和详查两种。概查是选择有代表性线路作路线调查,其任务是查清土壤类型随地型地势变化的空间分布规律性,并确定土壤分布图的制图单元和编制土壤分类系统表,同时为划分立地类型收集土壤基础资料。详查是根据不同要求,与有关专业协同进行逐地逐块的全区域调查。在森林资源调查和造林调查设计时,结合林木标准地、植物样地等设置土坑作剖面调查。

2. 森林立地类型(或林型)调查

森林立地是指在一定空间范围内,所有影响林木生长、发育的环境条件的总体,包括地质地貌、气候、土壤-水文和生物等。通过立地(或林型)分类和评价,可科学选择最具生产力的造林树种,提出适宜的营林措施,并预估森林生产力、森林经营效益,以及木材生产成本和育林投资等。所采用的调查方法可概括为面上路线调查和点上标准地调查。山区通过从谷底向山脊的森林立地梯度变化规律调查,可掌握立地类型(或林型)随地形引起的自然条件变化规律性;在广阔平原或平缓台地、丘陵地区,通过森林立地纬度变化规律调查,掌握森林立地水平地带分布规律。点上标准地调查可以全面掌握各立地类型(或林型)的立木组成、生长状况、其他植被层、地形、土壤、幼树更新等的基本特征,及它们间的相互关系,从中分析出制约各立地类型(或林型)立木生产力、更新、病虫害以及采伐后演替方向的主要因素,并提出不同立地类型(或林型)的营造林技术措施。

贺兰山于1969年和1974年在开展森林资源调查时,进行了森林立地类型调查。编制立地类型表。根据外业调查材料和内业整理分析,划分出11个立地类型。各立地类型分别阐述地形地势、土壤等特征和经营措施,为森林调查使用。

3. 测树制表调查

林业数表是森林调查、收获量预测、立地评价和森林经营的计量依据。为满足当前的实际需要,编制的数表种类有:①森林蓄积量和产品分类计量数表包括一、二、三元立木材积表和航空相片立木材积表,林分断面积、蓄积量标准表,航空相片林分材积表,航空相片数量化林分蓄积量表,商品材出材率表;②地位质量评价数表包括地位级表、地位指数表和地位指数数量化得分表等;③森林经营数表包括林分生长过程表、收获量表、林分密度控制图。

贺兰山于1969年和1974年在开展森林资源调查时,编制云杉、油松、山杨、杜松一元立木材积表。参加编表的计算木,云杉169株、油松117株、山杨103株、杜松43株。采集的计算木径级较小,编表的最大径为:云杉28 cm、油松32 cm、山杨22 cm、杜松16 cm。4个树种均采用数学分析编表。精度为:云杉±0.56%、油松±0.72%、山杨±0.76%、杜松±2.13%。

4. 森林病虫害调查

森林病虫害调查的目的,是摸清调查地区各主要林分类型的主要病虫害种类、数量、危害情况、分布区域、生态条件和发生情况以及调查林内卫生状况和害虫的天敌种类、数量等,为森林经营和森林调查规划中的森林病虫害防治设计提供科学依据。森林病虫害详细调查着重研究病虫害的发生与林分因子、立地条件、气象因子、经营措施等方面的关系,分析病虫害发生的动态规律,认真总结发生的原因、规律以及基层防治森林病虫害工作经验。森林病虫害调查方法是:通过收集调查地区的自然条件、经济条件、尤其是森林调查,林区卫生状况,过去病虫害大发生的次数、种类、时间,对森林造成的损失、防治方法与防治效果等资料;采取踏查的调查方式,以林场为单位选设代表性强的工作路线,在工作线上用目测方法调查林内卫生状况,主要病虫害种类、分布特点、株数被害率、被害程度、蔓延趋势,并确定详查地点。踏查中应绘制踏查图,标明优势树种、组成、树高、林龄、郁闭度、海拔高以及调查段的距离等;病虫害标准地详细调查,在确定详查的地点上选设标准地进行详细调查,进一步查清病虫害种类、数量、危害程度,发生发展的原因,病虫害对林木所造成的损失以及病虫害的发生与生态环境的关系。

贺兰山森林病虫害调查自上世纪80年代以来,贺兰山林区先后进行了4次较大规模的森林病虫调查。

(1)宁夏森林病虫普查队森林病虫普查

1980~1981年全国森林病虫普查,宁夏森林病虫普查队先后数次进入贺兰山林区采集昆虫标本5 000余份,病虫标本200余份。

(2)宁夏林业厅贺兰山林区病虫害调查

1983年对贺兰山自然保护区进行综合考察时,宁夏林业厅作为牵头和成员单位于1984~1985年把贺兰山森林病虫作为综合内容之一进行了调查。此次调查共采集昆虫标本

1 500 余份,病虫标本 80 余份,经区内外专家鉴定昆虫 7 目 270 余种,病害 30 余种。通过实地勘查采集,基本掌握了贺兰山林区病虫的分布及发生特点。

（3）贺兰山中的德合作项目区森林病虫害调查

1995 年贺兰山自然保护区作为中德合作宁夏防护林项目区后,森林植被得到明显恢复,病虫害种类也有了明显的变化,原有的资料急需补充。宁夏贺兰山林业管理局和宁夏林业厅分别于 1999 年 7 月 3~26 日、2000 年 8 月 5~23 日对贺兰山项目区进行了补充调查,共采集昆虫标本 1 600 余份、病害标本 50 余份。加上前两次已鉴定出的种类已知昆虫 8 目 330 余种,病害 30 余种,比前两次分别多出 60 余种和 10 种。通过调查,贺兰山潜在危险性害虫有 8 种,它们是光肩星天牛、红缘天牛、松梢斑螟、榆木蠹蛾、杨锦纹吉丁虫、金缘吉丁虫、榆紫叶甲和榆绿叶甲,其中,以蛀干害虫天牛和危害枝梢的害虫为主;潜在危险性病害有云杉、油松早期落叶病。

（4）贺兰山自然保护区林业有害生物普查

根据国家林业局《关于在全国开展林业有害生物普查工作的通知》（林造发［2003］73号）精神,管理局于 2004 年 3 月~12 月进行了自然保护区有害生物普查。外业调查依托宁夏森防总站为技术核心,由管理局科研宣传教育科和各管理站技术人员组成外业调查小组。贺兰山自然保护区面积 20.62 万公顷,其中有林面积（有林地+灌木林+疏林地）2.90 万 hm²;管理局种苗繁育基地 350 亩;保护区内的煤矿储木场等全部列入普查范围。普查共采集有害植物标本 10 余份,病虫标本 50 余份。

5. 森林更新调查

森林更新调查的目的在于了解林区天然更新、人工更新情况,评定更新等级及其与林型、立地类型、更新方式、过去的采伐方式、伐期龄的确定、森林经营水平和造林技术措施的关系,为营林规划和组织林业生产提供依据。森林更新调查包括林冠下更新调查和迹地更新调查。其主要调查对象为天然近、成、过熟林,疏林、采伐迹地、火烧迹地、林中空地和未成林造林地（迹地人工更新造林地）。森林更新调查有一般调查和详细调查两类。一般调查可结合森林资源调查进行;详细调查可结合林型、立地类型等专业调查进行,亦可独立进行。

1983 年对贺兰山自然保护区的综合科学考察和 1996 年实施中德合作贺兰山封山育林育草项目时进行了森林更新调查。

（1）1983 年对贺兰山自然保护区综合考察的森林更新调查

贺兰山林区的森林更新绝大部分是在有林地的林冠下进行的,无林地上的天然更新和人工造林都很少,因而这次更新调查的标准地全设在有林地内。根据外野调查和内业整理、统计,贺兰山林区天然更新情况最好是青海云杉,山杨次之,油松更次之,杜松最差。青海云杉、油松和山杨等3个主要树种更然更新的特点如下。

青海云杉:是以有性繁殖为主的树种,其更新的完成必须通过树木的结实、种子发芽和幼苗幼树的生长发育阶段。更新的成败则取决于这几个阶段中树木的生物学特性及其和外部环境条件之间的关系。青海云杉一般在80~90年生才开始结实,结实周期约3~6年重复一次,结实量能够满足更新的要求。由于林地一般较湿润,空气湿度较大,加上每年春季的雨雪,母树下种后,就能发芽生长。在个别苔藓层特别厚的地方,种子发芽后,因架空其上,根系接触不到土层而可能致死,只要适时采取局部整地等人工促进更新的措施则能提高成活率。在空旷地上,要以青海云杉种子直接进行更新是十分困难的,因为青海云杉幼苗的抵抗力较弱,在无遮荫的情况下,易被霜冻、日灼所危害,或因杂草竞争而死亡。但在林冠的遮荫下,由于森林环境良好的保护作用,幼苗就能健康成长,尤其是在青海云杉内的道路、林中空地及林缘等地,更新比林冠下更为良好。

油松:喜光、耐旱、抵抗力较强,对土壤条件要求不严,以及幼苗期在林冠下或空地上都能生长的特点,是天然更新的有利条件。但油松的结实情况普遍比青海云杉较差,结实周期与青海云杉相似,除种子年,结实量尚可外,一般年份不能满足更新的要求。油松林地干燥,是种子发芽的不利因素,在雨水较多的年份或在水分条件较好的沟谷边,出芽情况很好,在坡度过大的油松林地上,由于坡面干燥,更新较差,但在低洼处,则更新较好。因而在油松林地上进行水平窄带状整地,用油松种子补播,能收到较好的效果。在枯枝落叶较多的林地,必须进行清除枯枝落叶和整地工作,使种子和土壤接触,提高天然更新的效果。总的来说,目前油松的天然更新情况是不良的,应该采用植树造林和人工促进更新相结合的方法,保证油松更新,扩大油松林面积。

山杨:既可用种子更新,也可用根蘖、枝条进行无性更新。目前贺兰山现有山杨林多系萌芽和根蘖林。山杨一般每年都能结实,其种子轻而小,传播力较强。由于山杨耐寒、不怕霜冻、日灼和对水肥土要求较高、生长迅速的特点,所以一般在立地条件较好的空旷地和火烧迹地上能成为先锋树种,形成林分。但在土壤干燥瘠薄处或阳坡粗骨土上,山杨则很难以种子进行天然更新。山杨是阳性树种,不耐阴,幼树一般能在中等郁闭的林冠下生长,因而在各类林分的林冠下几乎都有山杨幼树的生长,但在郁闭度较大的青海云杉纯林内却没有山杨幼树的分布。

调查认为，要依靠天然更新来扩大贺兰山森林面积，提高森林防护效能，其过程是非常缓慢的。特别是无林地中陡坡或阳坡荒地为多，土壤干燥，冲刷严重，土层瘠薄，表土多烁石，种子发芽困难，种源也不足，即使阴坡及草地，草根盘结度相当大，所以，必须贯彻以人工更新为主，天然更新为辅以人工促进更新的方针。采取人工措施以人工造林的方式才能迅速达到在无林地更新成林的目的。

（2）1996 年实施中德合作宁夏贺兰山封山育林育草项目的天然次生林更新调查

1996 年开始实施中德合作宁夏贺兰山封山育林育草项目，1997~2000 年连续 4 年对项目区的森林更新进行了调查。参照宁夏森林资源连续清查技术细则更新等级的规定，项目区内青海云杉林冠下的天然更新调查结果为 6 579 株/hm²，属天然更新良好；油松为 2 550 株/hm²，山杨为 1 900 株/hm²，属天然更新中等。

调查认为，由于地理气候等自然因素的影响，封山育林是最有效地促进天然更新的措施，在有条件的地区可以采取开天窗、择伐等人工措施促进天然更新。

6. 野生经济植物资源调查

野生经济植物资源是森林资源的组成部分之一，是蕴藏在一定地域中，有一定用途或经济价值的野生植物种类的总体。野生经济植物调查的目的在于摸清资源种类、分布、储量及其可开发利用状况，为制定野生经济植物资源持续利用方案提供可靠的科学依据，最终实现合理利用和保护野生经济植物资源，繁荣山区经济的目的。调查方法可采用线路调查（概查），样地调查，补充调查或逐地逐块全面调查（详查）相结合的方法。凡是进行调查的野生经济植物种类都要采集标本，要求根、茎、叶、花或果（种子）俱全，尤其利用部位要明显。

1983~1985 年对宁夏贺兰山自然保护区的综合考察进行了野生果树、野生蔬菜调查。经调查，宁夏贺兰山及洪积、冲积扇野生果树植物 9 科 14 属 30 种；野生蔬菜植物有绿叶菜类、葱蒜类、块茎根类、伞菌类、珊瑚菌类、木耳类、马勃类、藻类、盘菌等 21 科 28 属 40 种；分布由下而上可以分出 5 个带：

（1）山麓荒漠草原带。该带海拔一般在 1 500 m 以下。土壤为山地灰钙土。植被稀少，多为旱生植物，野生果树有酸枣、枸杞、桑、乌头叶蛇葡萄等；野生蔬菜有沙葱、蒲公英、车前、地软、野苋、苦苣菜、扫帚菜等。

（2）耐旱乔—灌木带。海拔一般在 1 500~2 000 m 之间。土壤为灰钙及粗骨土。植被仍然较稀疏，多为耐旱乔灌木，也是油松、山杨林的下限。野生果树在阳坡有酸枣、蒙古扁桃、文冠果、杏；阳坡林缘有樱桃、花叶海棠、糖茶藨子、短柄椭木、黄刺梅等；野生蔬菜有根葱、崖葱、山韭菜、玉竹、蒲公英、山丹、松树蘑菇等。

（3）油松山杨林带。海拔一般在 2 000~2 500 m 之间。土壤为灰褐土,阳坡为粗骨土。植被较好,主要植物有油松、山杨下层的枸子等树种,野生果树有樱桃、杏、枸子、多腺悬钩子等;野生蔬菜有多根葱、轮花玄参、山韭菜、松树蘑菇、米黄丛枝蘑菇等。

（4）青海云杉林带。海拔一般在 2 500~3 000 m 之间。土壤为山地灰褐土。该带植被很好,树种单一,以青海云杉为主,林相整齐。野生蔬菜有多根葱、岩葱、多种蘑菇(如茄子紫、白紫、黄褐牛胖子、米黄丛枝、通心片、牛舌头、发汗蘑菇)等。

（5）高山灌丛草甸带。海拔一般在 3 000 m 以上,南坡多为岩石裸露。土地山地草甸土。植被多为草本植物及矮小灌木,无野生果树的分布;仅有少数珍贵蘑菇的生长(如草占池、鸡蛋黄等)。

7. 野生动物资源调查

野生动物资源是森林资源的重要组成部分,是指在天然自由状态下或者来源于自然状态下,虽经短期驯养,但还没有产生进化变异的脊椎动物(除鱼类),它具有很大的可塑性。调查的目的是全面了解动物资源的蕴藏情况及生境情况,为对野生动物进行经营管理提供基础资料,达到合理地保护利用野生动物资源。野生动物资源调查工作可分为综合性调查和专类性调查两大类。综合性调查是以某一区域(自然的和行政的)作对象,全面调查区域中各地段的动物及生境资源总体,为野生动物资源总体规划服务。专类性调查是以某一种(类)资源动物为调查对象,或为某些专业部门服务或为某些珍贵种类的数量恢复和扩大分布提供资料。

1958 年宁夏地方病防治所和银川市卫生防疫站对啮齿类动物进行多次调查;1962~1964 年兰州大学生物系多次在贺兰山进行调查;1963 年 7 月~11 月王延飞、方荣盛等在银川地区考察,著有《陕西及宁夏东部鸟类区系的初步调查报告》;兰州大学王香亭等 1962 ~1975 年间的调查,发表了《宁夏脊椎动物调查报告》;1983 年 7 月至 1984 年 11 月,东北林业大学野生动物系对贺兰山动物野外调查;进入 20 世纪 90 年代华东师范大学王小明、刘志宵等对贺兰山有蹄类动物进行过多次调查研究;1996~1998 年宁夏林业勘查设计院对贺兰山重点野生动物资源进行了调查;2000~2002 年西北濒危动物研究所对贺兰山岩羊种群进行了监测研究;2000~2004 年翟昊等人对贺兰山脊椎动物的调查研究;这其中以 1983 年东北林业大学和 2000 年翟昊等人的调查较为全面、较为系统。

（1）东北林业大学 1983 年 7 月至 1984 年 11 月野生动物资源调查

1983 年贺兰山划为自然保护区后,开展综合考察时,进行了野生动物资源调查,调查由东北林学院野生动物系完成的。由于调查的范围限于在海拔 1 000 m 以上林区管辖的山地,不包括河川、湖泊等水域,故鸟类中不包括游禽,涉禽也极少。调查方法是:每天早六点左右沿设定的调查线,每组三人,其中看鸟、看兽粪堆做记录各一人、记载鸟的种类、只数、出现的海拔高度和生境,并记录下路线调查的起止时间,(不包括原路返程)然后进行路线相对数量统计和分垂带统计。在兽类方面,搞了样地、兽类粪堆、踪迹的调查以及隔日统计捕鼠。此外,对两栖类、爬行类和鱼类的种类和数量也进行了初步调查。调查成果所列的名录,主要为调查采集到的标本,也包括观察到而未采到的种类,还包括有关单位和个人采集到的标本,宁夏畜产仓库的猛禽及兽类皮张标本的大部分种类均收入名录,因为这些种类都是贺兰山可能有的种类。

贺兰山鸟类 115 种另 5 亚种,分属于 10 目 30 科。兽类中以荒漠啮齿动物(黄鼠、跳鼠、沙鼠)和草兔为优势,并有一些中,小型的食肉兽。在爬行动物方面,沙蜥属和麻蜥属种类和数量最多。蛇类有黄脊椎游蛇等。在潮湿地方有花背蟾蜍。山溪里有几种很小的鱼类。

在贺兰山所分布的脊椎动物中,属于国家保护的珍贵动物有 16 种,其中,鸟类 10 种,兽类 6 种,占全国珍贵动物 156 种的 10%。属国家一类保护动物仅黑鹳 1 种。

(2)2000~2004 年脊椎动物资源调查

调查范围北起枯水沟南到三关,东至 1 150 m 等高线,西至分水岭,总面积 158 100 hm²,包括宁夏贺兰山国家级自然保护区全境和东麓洪积扇的一部分地区。野外调查自 2000~2004 年,采用样线法和直接观测法。在贺兰山自然保护区内设置 32 样线监测路线,监测路线包括贺兰山的主要生境,并在东麓洪积扇设置调查监测线 5 条。直接观测法利用 kowa8×24 倍望远镜直接观察。调查以 1983~1984 年东北林业大学野生动物系的调查结果为基础资料,同时辅以对宁夏资深的动物学专家访问,对沿山群众和银川市鸟市的社会调查,并查阅了大量有关宁夏贺兰山野生动物调查研究文献。

调查记录在贺兰山所分布的脊椎动物中,属国家一级保护动物有 7 种,二级保护动物有 31 种。自治区区级保护动物 27 种,中国特产鸟类有 7 种。

本次调查的新记录中有 4 目 6 科 22 种,其中鸟类 4 目 5 科 17 种,兽类有 4 种,爬行类有 1 科 1 种即沙蟒。

(七)森林资源综合调查

为了搞好自然保护区建设,在原林业部、宁夏回族自治区人民政府、宁夏农业区划委员会的关怀领导下,由宁夏林业厅牵头,与宁夏农业区划办公室、宁夏环保局共同主持,组成"贺兰山自然保护区综合科学考察团"。制定考察大纲,组聘专业人员,明确指导思想和战略目标,以生态科学为指导,以资源"本底"为基础,于1983~1985年对贺兰山自然保护的地质、地貌、土壤、气象、水文、环境背景值、植被、植物、森林资源、森林历史、野果野菜、森林病虫、野生动物、文物古迹、社会经济等15个专业进行了全面系统的综合科学考察。参加考察的专家、学者、工作人员达170余人,专业之多,领域之广,质量之高,都是贺兰山有史以来的第一次。考察中得到东北林业大学、西北大学、林业部西北调查规划院、宁夏农业厅、宁夏农学院、宁夏农林科学院、宁夏地质矿产局、宁夏气象局、宁夏农垦局、宁夏环保所、宁夏文物所、宁夏水文总站、宁夏林业勘查设计院、宁夏贺兰山国家级自然保护区管理局等单位的密切协作和大力支持。为了搞好考察工作,在各单位领导的重视下,投入了一定人力、物力和财力。考察人员克服了时间紧、任务重、气候多变、生活条件差等困难,跋山涉水、风餐露宿、不辞辛劳地取得了第一手宝贵资料。出现了兴百家之长,集多家之资,同舟共济搞考察的局面。

通过考察,基本摸清了资源现状,并对贺兰山的生态作用、环境背景值、方针任务进行了研究,达到了预期目的,取得了丰硕成果,为保护区建设,经营管理等工作,提供了重要科学依据。

1. 地质地貌 本次对地质地貌的考察,揭示了贺兰山是具有长达20亿年以上漫长地质演变史的山体。自中元代开始至中生代中期的地史进程中,以拗陷沉降为主,各地质时期沉积物厚达4万余米,发育着驰名中外的优质煤及非金属沉积矿产,保存了不可多得的地质剖面、化石产地和地貌景观。在长期复杂的地质构造应力场作用下,铸就了纬向构造带,经向构造带作为祈—吕—贺"山"字型脊柱的南北向构造带贺兰山带,新华夏系及河西系等5种构造体系。强烈的新构造运动导致东麓地阶梯状断裂的形成,造成了贺兰山体急剧上升,银川地堑的急剧沉降,致使银川平原接受了厚达1 600 m的第四纪沉积。

2. 土壤 本次考察从3个土壤类型中选点,开挖了51个土壤剖面,采集了174个土样,并作了1 209个项次的土壤理化项目分析化验,明确了贺兰山山地土壤分布规律。土类分为粗骨灰钙土、灰漠土、灰褐土(又分普通灰褐土和石灰性灰褐土2个亚类)、山地草甸土。测定了土壤水分、养分含量,提出了保护、改良、合理利用土壤的合理化建议。

3. 气象 本次考察分别在贺兰山前后山建立8个气象观测点,进行了为期1年的观测和资料统计整理。以数据库形式保存于计算机软盘内,并根据观测资料进行分析研究。初步得出了气温、降水、湿度、日照、蒸发、地温、风沙、风速、气压等气候因子的重要资料,为建设贺兰山自然保护区,开展各项科学研究提供了依据。

4. 水文 野外采集 83 个天然水样,14 个污染水样。对各沟段常流水量、水质和污染进行了实测和化验分析。同时对 7 处不同地类的土壤含水率进行了测定,共采集土样 54 个,分析对比了沟谷上下游阴坡、阳坡的土壤含水率。另外通过考察初步摸清了贺兰山水资源的储量和流量,获得了贺兰山 森林对涵养水源的初步数据资料。为开展保护区防护效益、水源涵养等科学研究提供了可靠的基础资料。

5. 植被 本次考察主要采用了梳状路线调查、样方调查、摄影填图、航片判读及邻近地区路线塔查等方法。共调查样方 139 个,记名样地若干个,编写出《贺兰山东坡植被考察报告》,绘编了《贺兰山东坡植被类型图》及《贺兰山东坡植被区划图》;查明了贺兰山东坡地植被类型、分布规律等。

6. 植物 本次考察分别在贺兰山东坡 15 条和西坡 5 条有代表性沟内进行了 2 次大规模的实地调查,共采集植物标本 4 126 号,12 378 份,并全部做了鉴定。撰写了"贺兰山植物区系的种类组成""贺兰山自然保护区职务调查与初步规划报告""贺兰山维管植物检索表" 3 个成果材料,基本上搞清了贺兰山地区植物的种类。为制定贺兰山自然保护区的规划和经营管理方案提供了重要的基础材料。

7. 森林历史 以森林火灾遗迹——碳核为主要材料。进行历史信息诚实载体的历史鉴定与 C_{14} 断代测定的研究,并结合古迹史料的考证,初步探明贺兰山古林区针叶林分布广阔,森林兴衰原因及发展的趋势。

8. 森林 本次调查是按照林业部最新颁布的二类调查标准进行的。系采用延期航片判读与相应小班实测回归抽样,利用数量化方法调查,并对针叶林、阔叶林、针阔混交林、灌木林、疏林等作了具体的划分和测算。调查精度达到 93.53%,符合部颁标准的精度要求,并对保护区区划建设提出了重要意见。

9. 野果野菜 本次考查采集蜡叶标本 130 余份,照片 100 余幅后,进行了具体的分析研究,共纪录了野果 9 科 17 属 29 种,直接利用的 13 种;野菜 19 科 28 属 39 种,大部分可作为育种材料的亲本,是不可多得的重要资料,对今后开展育种研究、生产利用等活动提供了基础资料。

10. 野生动物 这次考察,是首次对贺兰山野生动物全面系统的考察。通过考察,取得了大量的第一手资料,对野生动物全面系统的区系、垂直分布进行分析研究。发现了 9 个新记录、并对各类珍贵动物的分布、栖息环境、数量动态与经济价值都作了评价。同时提出保护、发展及招引益鸟的措施,为贺兰山自然保护区的野生动物资源保护与合理开发利用提供了科学依据。

11. 森林昆虫 本次考查采集了昆虫标本 4 000 余号次,已鉴定得 90 种,待定名 50 种。分析了重要经济昆虫种类、发生动态和天敌昆虫。查明了林区中常发生的害虫 40 余种,可造成严重危害的有 10 中。天敌昆虫 27 种,对今后开展有害虫的综合防治,有益昆虫的利用研究提供了重要的基础资料。

12. 文物古迹 通过野外考察和大量历史文献的查阅考证,撰写了成果报告,系统的阐明了贺兰山的历史面貌和现存文物古迹的状况。对贺兰山的名称、山口、地名、社会文化发展都有进一步阐述。对文物古迹按时代顺序进行了系统地叙述。在西夏皇家林苑的研究上,填补了西夏学研究的空白。对西夏王陵、西夏钱币、拜寺口古塔和明代长城的研究也有所突破。对贺兰山自然保护区得建设和社会科学、自然科学的研究和旅游业开展都有重要的意义。

13. 社会经济 本次考察是贺兰山有史以来最全面、系统和深入的一次考察。从政府部门、生产单位、群众访问等方面,考察各历史阶段工农业生产、人口增长、自然灾害与贺兰山的关系,取得了大量数据,并进行了系统地分析研究,综合各方面的资料,撰写了专题报告。论点明确,重点突出,以大量事实和数据阐明观点,又以较充分的论据,论证了贺兰山兴衰的原因。成果具有一定的科学性和实用价值,特别是在保护区生态环境,解决林、牧矛盾依靠群众建保护区方面,提出了决策性的意见。

14. 环境背景值 本次考察完成了贺兰山地表水水质、水中微量元素、水体生物的考察分析。并增加水体细菌微生物的分布调查。初步搞清了地表水铜、铅、镉等 15 种微量元素的环境背景值,掌握了水体生物种群及数量分布。同时首次发现 2 种鱼类为宁夏新记录,4 种底栖类国内第 1 次新记录。这次考察,无论布点、采集、化验分析均按国家规范进行,资料详实,数据可靠。对保护区建设、区域环境监测,具有重要科学价值。

通过多学科的专业考察及资料论证,贺兰山确是一个以森林生态为主体的综合性自然保护区。在强化保护,发展资源的基础上和科研的指导下,合理地、多功能地开发利用各种资源。同时引进经济价值高的动植物种,改变区系组成,丰富生物种群,使贺兰山沿着良性方向发展,把贺兰山保护区建成生态功能强、社会经济效益高的科研兼多种经营、综合性自然保护区。为宁夏人民子孙万代造福,为人类做出应有的贡献。

第二节 森林资源管理

新中国成立以来,党和政府非常重视森林资源管理工作,经过 50 多年的不懈努力,森林资源管理工作取得了巨大成绩。全国已基本形成了以行政管理为主体,以资源监测、资源监督为两翼的森林资源管理体系;初步创建了以森林利用管理、林地保护、森林资源消长监测等为主要内容的一整套有中国特色的管理制度;林业法律、法规体系日益健全,逐步形成了较为完善的森林资源管理法律体系。森林资源管理的日益加强,为实现森林资源可持续发展,促进人与自然和谐相处提供了重要保障。

一、森林资源管理体系

森林资源管理是林业行政管理的重要组成部分。目前,日臻完善的森林资源管理体系,为落实"严管林"的要求,依法强化森林资源的科学经营和持续利用,提供了有力的组织保障。

目前我国已初步形成的森林资源管理体系有三大部分,一是森林资源监测体系,主要包括森林资源连续清查、森林资源规划设计调查、森林资源生态状况监测等六部分;二是森林资源行政管理体系,主要包括林地管理、林权管理、森林资源利用管理、森林资源调查管理和森林资源管理政策法律体系;三是森林资源监督,主要包括森林资源监督、专项检查、专项调查、监督报告等。如图 3-1 所示。

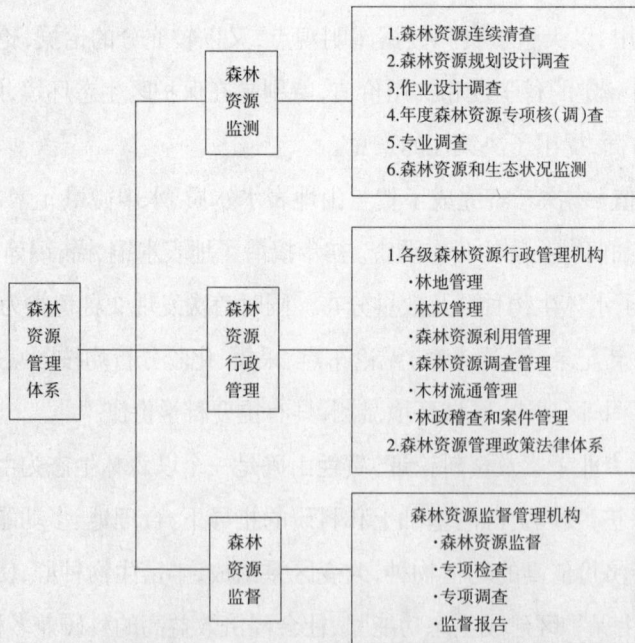

图 3-1　森林资源管理体系

二、森林资源管理体制

目前,我国从上至下森林资源管理机构设置为国家林业局—森林资源管理司—省(区、市)林业厅(局)—地(市)林业局森林资源管理科—县(市)级林业(管)局森林资源管理股。宁夏贺兰山国家级自然保护区管理局为国家法律法规授权行政管理职能的公共效益型全额拨款事业单位,直属宁夏回族自治区林业局领导,森林资源管理机构按局—站—点设置。

贺兰山森林资源行政管理的主要任务包括宣传贯彻林业政策法规,审核林地征用占用,规划林业土地利用,管理木材经营加工单位的审批管理,林政稽查和木材检查管理;森林采伐限额编制,森林资源统计年报,林木采伐许可证管理和核发,森林资源调查规划设计及调查队伍管理,森林经营方案编制与实施,森林资源管理新技术的开发、研究、试验、推广及资源管理人员的培训,破坏森林资源案件的行政查处,森林资源管理实绩考评等。

为适应林业建设发展的需要,1989 年,林业部下发了《关于建立全国森林资源监测体系的通知》,开始在全国范围内建立由国家森林资源监测、地方森林资源监测和资源信息管理系统组成的全国森林资源监测体系,并在直属 4 个调查规划设计院的基础上设立了东北、华东、西北、中南 4 个区域森林资源监测中心,逐步形成了比较完善的森林资源监测机构。贺兰山森林资源监测体系在宁夏林业调查规划院的技术指导下于 1990 年建立。

贺兰山森林资源监测机构的主要任务是负责本区域森林资源清查、森林资源规划设计调查、作业设计调查、年度森林资源专项核(调)查、专业调查和森林资源与生态状况的监测等,完成森林资源监测任务,为本区域宏观决策、林业规划计划编制、林业生产单位的经营活动等提供技术支撑和信息服务。

三、森林资源管理制度

森林资源管理制度是森林资源管理的基础保障,森林资源管理制度的制定和完善是森林资源管理工作中的重要部分。目前我国森林资源管理制度,主要有林地林权管理制度、森林资源利用管理制度、森林资源监督制度、森林资源监测制度等组成。

20 世纪 80 年代以来,国家先后出台了《森林法》《野生动物保护法》《防沙治沙法》《农村土地承包法》等 6 部与森林资源经营管理直接相关的法律;《森林法实施条例》《退耕还林条例》《森林采伐更新管理办法》等 14 部林业行政法规;《林木林地权属登记管理办法》《占用征用林地审核审批管理办法》《林业行政执法监督办法》等 31 件林业部门规章。此外,各地还出台了地方性法规、规章 300 余件。森林资源管理政策法律法规为依法强化森林资源管理提供了法律依据,也是森林资源管理其他制度的前提和基础,而林地林权管理制度、森林资源利用管理制度、森林资源监督制度、森林资源监测制度则是森林资源管理中各个侧面的系列制度，这两部分内容是一个整体，相互补充。

（一）林地林权管理制度

林地是林木资源发展与培育的基础，是进行林业生产活动的重要物资条件。我国林地林权管理主要包括：

1. 林地管理制度

林地，即林业用地的简称。是森林资源的核心组成部分，也是森林、林木和依托森林生存的野生动物、植物、微生物等生长发育的基础。林地管理的核心是用途管制，《森林法》和《森林法实施条理》对林地使用、管理、林地权属证书的发放作了明确的规定，把保护林地作为保护和培育森林资源的重要内容，纳入领导干部任期目标管理责任制的政绩考核指标之一，对制止毁林开垦、滥用、占用林地起到了积极的作用。

随着林地管理制度的完善和林地管理的逐渐规范，我国相继出台了《占用征用林地审核审批管理办法》（2001）、《占用征用林地审核审批规范》（2001）、《森林植被恢复费征收使用管理暂行办法》（2002）等，对征占用林地审核审批的权限、程序和森林植被恢复费的征收、使用管理等都作出了详细的规定。林地管理工作不断加强，对进一步规范林地所有权和使用权的登记工作，维护林地所有者和使用者的合法权益，保持林地的稳定性起到了法律保障作用。

2. 林权管理制度

林权是指森林、林木、林地的所有者和使用者依法对森林、林木、林地的占有、使用、收益和处分的权利，即森林资源所有权和使用权。林权管理是指各级人民政府及其林业主管部门依照有关法律、法规、规章和政策，对森林、林木、林地的所有权和使用权实施保护和管理的行为。

新中国的林权管理始于 1950 年的《宪法》关于"森林属于国家所有，由法律规定属于集体所有的除外"的规定。1981 年，中共中央、国务院发布《关于保护森林发展林业若干问题的决定》，要求开展稳定山权林权，划定自留山，制定和落实林业生产责任制为主的林业"三定"工作。1998 年颁布修正的《森林法》和 2000 年出台的《森林法实施条例》，进一步对林权管理和林权证发放等作出了明确具体的规定。为进一步规范林权登记发证工作，国家林业局 2000 年发布了《林木、林地权属登记管理办法》，并制定了全国统一的林权证式样。

（二）森林资源监测制度

森林资源监测是森林资源经营管理的核心工作之一，也是林业管理的重要基础性工作。开展森林资源监测,定期掌握森林资源消长和生态状况变化情况,是《森林法》及《森林法实施条例》赋予林业部门的一项重要职责,也是《中共中央 国务院关于加快林业发展的决定》赋予各级政府的一项重要使命。因此,加强贺兰山森林资源监测工作,建立适应林业快速发展的森林资源与生态状况综合监测体系,是落实"依法治林、科技兴林"方针的前提和重要内容。

贺兰山森林资源监测工作从 20 世纪 50 年代在国有林区开展森林经理调查开始,20 世纪 60 年代引入了以数理统计为基础的抽样技术,20 世纪 90 年代以来,在"四五""五五""六五"清查的基础上,将贺兰山森林资源纳入宁夏森林资源总体,建立了森林资源清查体系。随着林业的发展和生态建设的日益重视和加强,宁夏按照国家林业局的要求,又陆续开展了野生动植物资源、湿地资源、荒漠化、沙化土地资源、森林自然灾害以及森林生态环境定位观测等监测内容。为适应森林经营管理和林业建设的需要,第六次森林资源清查增加了林木权属、病虫害等级等项内容,扩充了清查信息内涵。特别是 2004 年启动的第七次全国森林资源清查,为适应林业五大转变和跨越式发展的需要,增加了反映森林生态、森林健康、土地退化等方面的指标和评价内容,遥感、GPS 等高新技术得到了进一步加强。

50 多年来,国家先后制定颁布了 60 多项森林培育、经造利用、资源监测的技术标准、规程和规范。逐步形成了每 5 年一次的全国森林资源清查制度,每 10 年一次的森林资源规划设计调查和森林资源档案年度更新制度,为林业生产经营服务的作业设计调查制度,每年进行的全国森林资源采伐限额执行情况检查、全国营造林综合核查、林地征占用调查等核(调)查制度以及林业专业调查制度等为主要内容的森林资源监测制度。基本形成了以全国森林资源连续清查为主体,以专项核(调)查和林业专业调查为补充,以地方森林资源规划设计调查为辐射的全国森林资源监测体系。贺兰山森林资源监测也随着国家监测体系的完善逐步建立。

第四章 森林资源现状

　　森林是以国土安全、水安全、环境安全、生物安全等为主体的国家生态安全体系的基础和纽带,承担着维护区域生态安全的重大使命,也是人类生产、生活不可或缺的重要物质基础。森林数量的多少、质量的高低是衡量一个地区生态状况的重要指标。保护和发展森林资源,不断扩大林草植被,是防沙治沙、保护生物多样性、改善生态状况的根本途径。受人类活动和自然条件变化的影响,森林的数量、质量和分布情况处于不断的变化之中,掌握森林资源的基本状况及动态变化规律,是保护森林、发展林业的重要决策依据。贺兰山2006年完成的森林资源规划设计调查,实现了管辖范围的全覆盖调查,为贺兰山及时掌握森林资源现状和消长动态变化,预测森林资源发展趋势,检验森林经营成效,及时调整林业方针政策提供科学依据,奠定了良好的基础。

第一节　森林资源概述

　　随着天然林保护工程的全面实施,生态建设力度不断加大,贺兰山森林资源保护发展事业取得了显著成效。根据2006年贺兰山森林资源规划设计调查结果,宁夏贺兰山国家级自然保护区总面积193 535.68 hm²(原调查面积为221 669.0 hm²)。保护区森林面积27 609.0 hm²,森林覆盖率14.3%,活立木总蓄积1 320 721.7 m³,有林地面积18 635.3 hm²,蓄积127 7542.1 m³。其中:针叶林面积9 350.2 hm²,蓄积933 846.4 m³;阔叶林面积4 724.1 hm²,蓄积36 929.4 m³。贺兰山森林面积和蓄积继续保持快速增长,森林覆盖率稳步上升,森林质量有所提高,森林结构进一步改善,森林资源发展呈现出持续快速增长的良好态势。

1. 林地面积

　　林地是林业发展和生态建设的重要基础,在森林资源的可持续经营和林业可持续发展中具有特殊地位。贺兰山林地面积191 127.08 hm²,非林地面积2 408.9 hm²。按现行的林地分类系统,林地包括乔木林地、疏林地、灌木林地、未成林造林地、苗圃地和其他林地。其中,乔木林面积 18 635.3 hm²,疏林地面积 7 829.3 hm²;灌木林地面积 8 973.7 hm²;未成林造林地面积 343.1 hm²;宜林地面积 155 342.88 hm²,林业生产辅助用地 2.8 hm²(图 4-1)。

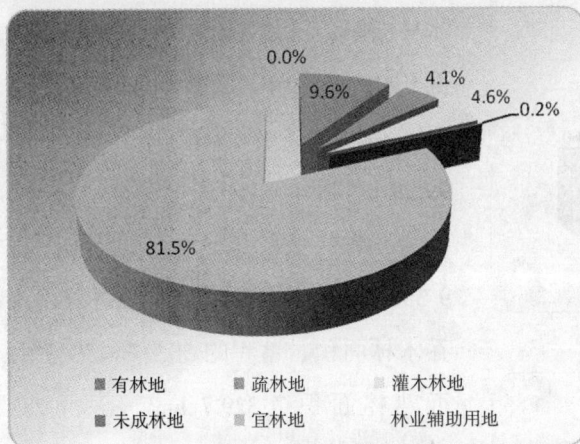

图 4-1 贺兰山各类林地面积比例

贺兰山森林面积 27 609.0 hm²,占林地面积的 14.30%。其中:乔木林地面积18 635.3 hm²,占森林面积的 67.50%;国家特别规定的灌木林地面积 8 973.7 hm²,占森林面积 32.50%。

乔木林地面积中,针叶林面积 9 350.2 hm²,占有林地面积的 50.17%;阔叶林面积 4 724.1 hm²,占有林地面积的 25.35%;针阔混交林面积 4 561.0 hm²,占有林地面积的 24.48%。

灌木林地中,全部为国家特别规定的灌木林地面积。

宜林地中,宜林荒山荒地面积 157 751.48 hm²,占宜林地面积的 81.5%。

2. 各类林木蓄积

全部林木材积统称为林木蓄积,通常林木蓄积是指活立木总蓄积,按照林木类型的不同,又分为森林蓄积、疏林蓄积、散生木蓄积和四旁树蓄积。贺兰山活立木总蓄积为 1 320 721.7 m³。其中,森林蓄积 1 277 542.1 m³,占活立木总蓄积量的 96.7%;疏林蓄积 43 179.6 m³,占3.3%(图 4-2)。

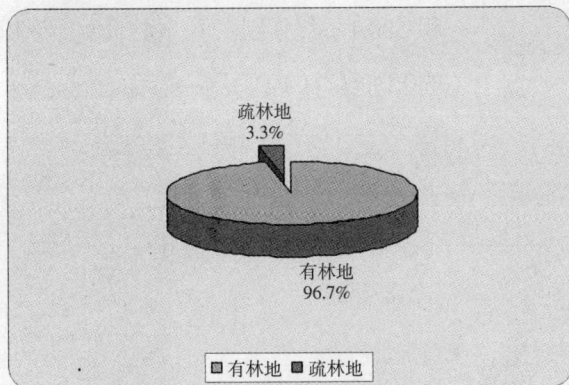

图 4-2 各类林木蓄积结构比例

3. 森林面积和蓄积

森林面积 27 609.0 hm²(含灌木林面积 8973.7 m³),森林蓄积 1 277 542.1 m³。其中,乔木林地面积 18 635.3 hm²。

在乔木林中,针叶林面积、蓄积分别为 9 350.2 hm² 和 933 846.4 m³,分别占保护区乔木林面积蓄积的 50.2% 和 73.1%;阔叶林面积蓄积分别为 4 724.1 hm² 和 36 929.4 m³,分别占保护区乔木林面积、蓄积的 25.4% 和 2.9%;混交林面积、蓄积分别为 4 561.0 hm² 和 306 766.3 m³,分别占保护区乔木林地面积蓄积的 24.5% 和 24%(图 4-3)。

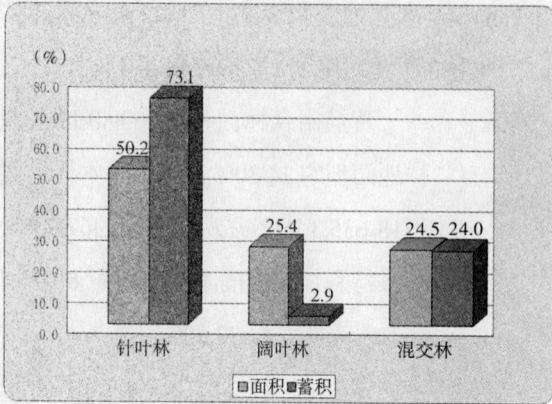

图 4-3 乔木林面积蓄积构成比例

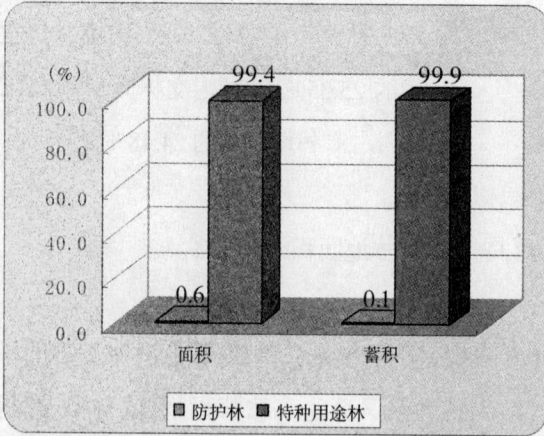

图 4-4 乔木林各林种面积蓄积构成

乔木林按林种划分,防护林面积 103.4 hm²,蓄积 1 526.5 m³,分别占乔木林面积、蓄积的0.6%和0.1%;特用林面积 18 531.9 hm²,蓄积 1 276 015.6 m³,分别占乔木林面积、蓄积的99.4%和99.9%。(图 4-4)。

乔木林按龄组划分,中龄林面积 9 358.7 hm²,蓄积 911 278.1 m³;分别占乔木林面积、蓄积的 50.2%和 71.3%;近熟林面积 7 329.7 hm²,蓄积 289 828.4 m³;分别占乔木林面积、蓄积的 39.3%和 22.7%;成熟林面积 1 921.2 hm²,蓄积 301 660.98 万 m³;过熟林面积 876.99 万 hm²,蓄积 75 935.5 m³,分别占乔木林面积、蓄积的 10.3%和5.9%;幼龄林和过熟林的面积和为 25.7 hm²,蓄积 500.1 m³,分别占乔木林面积、蓄积的0.1%和 0.04%(图 4-5)。

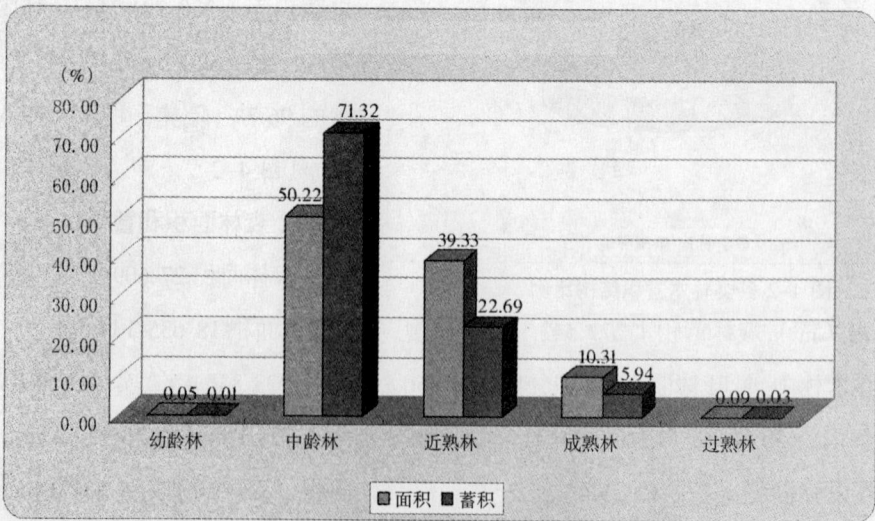

图 4-5 乔木林各龄组面积蓄积构成

乔木林中,以云杉面积与蓄积最大,其面积、蓄积分别为 9 288.8 hm² 和 915 328.9 m³,分别占乔木林面积、蓄积的 49.9% 和 71.7%,其次为油松面积、蓄积分别为 3 219.5 hm² 和 281 791.4 m³,分别占乔木林面积、蓄积的 17.3% 和 22.1%;山杨面积、蓄积分别为 1 974.2 hm² 和 77 708.5 m³,分别占乔木林面积、蓄积的 10.6% 和 6.1%;灰榆面积为 3 978.5 hm²,占乔木林面积的 21.4%;柏类面积、蓄积分别为 19.7 hm² 和 139.5 m³,分别占乔木林面积、蓄积的 0.1% 和 0.01%(表 4-1)。

表 4-1 乔木林各优势树种面积与蓄积构成

优势树种	面积(hm²)	比例(%)	蓄积(m³)	比例(%)
小计	18635.30	100.00	1277542.10	100.00
云杉	9288.80	49.85	915328.90	71.65
油松	3219.50	17.28	281791.40	22.06
柏类	19.70	0.11	139.50	0.01
灰榆	3978.50	21.35	0.00	0.00
山杨	1974.20	10.59	77708.50	6.08
其他	154.60	0.83	2573.80	0.20

乔木林中,按照起源划分,天然林面积、蓄积分别为 18 529.3 hm² 和 1 276 673.0 m³,分别占乔木林面积、蓄积的 99.4% 和 99.9%;人工林面积、蓄积分别为 106.0 hm² 和 869.1 m³,分别占乔木林面积、蓄积的 0.6% 和 0.1%(图 4-6)。

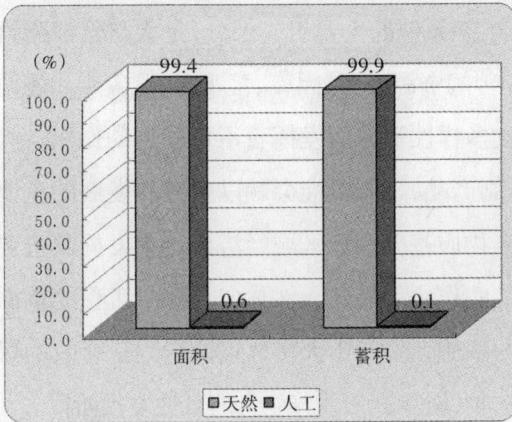

图 4-6 乔木林起源面积蓄积构成

4. 森林资源权属

森林权属结构是森林经营管理的重要指标,反映了森林资源的所有制状况。按土地权属划分为国有、集体,按林木权属划分为国有、集体、个体。贺兰山森林面积按土地权属划分,全部为国有;森林面积按林木权属划分,全部为国有。

5. 森林资源质量

乔木林的树种组成比例、单位面积生长量和蓄积量、平均郁闭度和胸径、林木生活力、病虫危害程度等是反映森林资源质量的重要指标。

贺兰山乔木林针阔比,针叶林、阔叶林、混交林面积比例为 21:10:10。按照起源分,天然林针叶林、阔叶林、混交林面积比例为 21:10:10;人工林针叶林、阔叶林、混交林面积比例为 26:10:36。按照权属分,国有林针叶林、阔叶林、混交林面积比例为 21:10:10。

贺兰山乔木林每公顷平均蓄积为 68.6 m³/hm²。按照地类分,针叶林每公顷平均蓄积为 99.9 m³/hm²;阔叶林每公顷平均蓄积为 7.8 m³/hm²;针阔混交林每公顷平均蓄积为 67.3 m³/hm²。按照龄组分,幼龄林每公顷平均蓄积为 12.8 m³/hm²;中龄林每公顷平均蓄积为 97.4 m³/hm²;近熟林每公顷平均蓄积为 39.5 m³/hm²;成熟林每公顷平均蓄积为 39.5 m³/hm²;过熟林每公顷平均蓄积为 22.7 m³/hm²。 按照起源分,天然林每公顷平均蓄积为 68.9 m³/hm²;人工林每公顷平均蓄积分别为 8.2 m³/hm²。按照权属分,国有林每公顷平均蓄积为 68.6 m³/hm²。按照优势树种分,每公顷平均蓄积云杉为 98.5 m³/hm²、油松为 87.5 m³/hm²、硬阔为 10.4 m³/hm²、刺槐为 22.2 m³/hm²、山杨为 39.4 m³/hm²。

乔木林每年生长发育状况较好,单位面积年均生长量为 1.65 m³/hm²,平均郁闭度 0.56。林木生活力等级达到中等、良好以上的林分面积比例分别为 80.58%;没有病虫危害的森林面积占 82.91%,受病虫危害达到中、轻度的森林面积比例分别为 5.54% 和 11.55%。

第二节 天然林资源

天然林是贺兰山森林资源的主体,是森林生态系统的主要组成部分,是大自然馈赠给人类的绿色瑰宝。天然林是自然界中功能最完善的资源库、基因库、蓄水库、贮碳库和能源库,在维护生态平衡、提高环境质量及保护生物多样性等方面发挥着不可替代的作用。同时,还为人们的生产和生活提供木材和多种林副产品,是人类社会赖以生存和发展的重要物质基础,在区域经济建设中发挥着重要的作用。随着天然林资源保护工程的全面实施,贺兰山天然林资源得到了有效的保护,逐步进入休养生息的良性发展阶段。

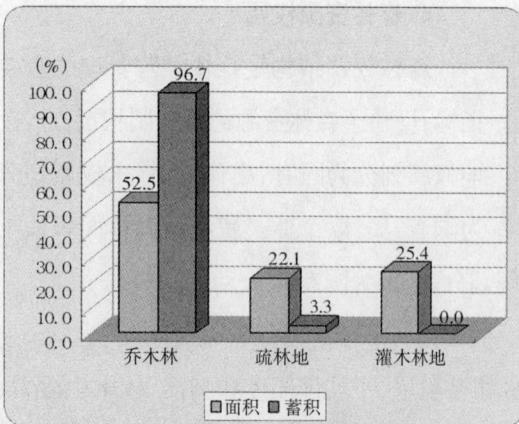

图 4-7 天然林各地类面积蓄积构成

1. 天然林资源概况

贺兰山天然林面积为 35 320.8 hm²,蓄积为 1 319 852.6 m³。其中,乔木林面积和蓄积为 18 529.3 hm² 和 1 276 673.0 m³,占贺兰山天然林面积和蓄积的 52.5% 和

96.7%；疏林地面积和蓄积为 7 817.8 hm² 和 43 179.6 m³，占贺兰山天然林面积和蓄积的 22.1%和3.3%；灌木林面积为 8 973.7hm²，占贺兰山天然林面积的 25.4%（见图 4-7）。

贺兰山天然林面积按土地权属分，全部国有。天然林面积按林木权属分，全部国有。

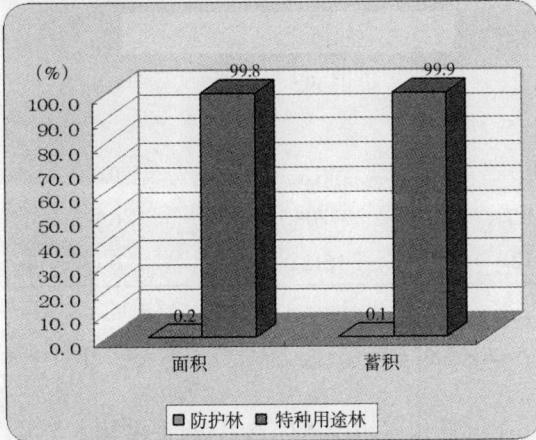

图 4-8 天然乔木林各林种面积蓄积构成

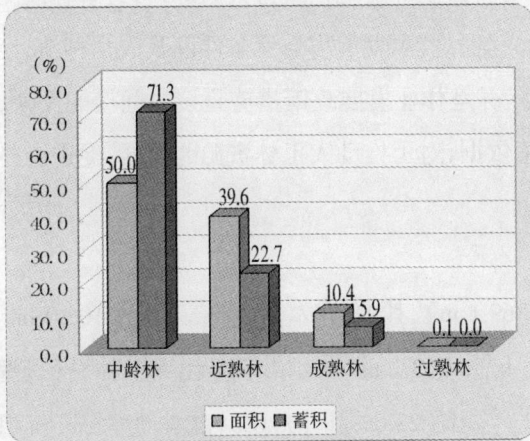

图 4-9 天然乔木林各龄组面积和蓄积构成

2. 天然林林种结构

天然乔木林中，防护林面积、蓄积分别为 31.6 hm² 和 953.0 m³，分别占贺兰山天然乔木林面积、蓄积的 0.2%和 0.1%；特种用途林面积、蓄积分别为 18 497.7 hm² 和 1 275 720.0 m³，分别占保护区天然乔木林面积、蓄积的 99.8%和 99.9%（图 4-8）。

3. 天然林龄组结构

天然乔木林按龄组划分，中龄林面积和蓄积为 9 261.9 hm² 和 910 516.2 m³，占保护区天然乔木林面积的 50.0% 和 71.3%；近熟林面积和蓄积为 7 328.9 hm² 和 289 828.4 m³，占保护区天然乔木林面积的 39.6%和 22.7%；成熟林面积和蓄积为 1 921.2 hm² 和 75 935.5 m³，占保护区天然乔木林面积的 10.4%和 5.9%；过熟林面积和蓄积为 17.3 hm² 和 392.9 m³，占保护区天然乔木林面积的 0.1%和

0.03%（图 4-9）。

4. 天然林树种结构

天然乔木林，以云杉、油松、杨类为主。其中，云杉面积、蓄积分别为 9 288.8 hm² 和 915 328.9 m³，分别占保护区天然乔木林面积、蓄积的 50.1%和 71.7%；油松面积、蓄积分别为 3 219.5 hm² 和 281 791.4 m³，分别占全区天然乔木林面积、蓄积的 17.4%和22.1%；山杨面积、蓄积分别为 1 974.2 hm² 和 77 708.5 m³，分别保护区占天然乔木林面积、蓄积的 10.7%和 6.1%；灰榆面积为 3 978.5 hm²，占保护区天然乔木林面积的 21.5%。

表 4-2 天然乔木林优势树重面积蓄积结构情况

优势树种	面积(hm²)	比例(%)	蓄积(m³)	比例(%)
合计	18529.3	100.0	1276673.0	100.0
云杉	9288.8	50.1	915328.9	71.7
油松	3219.5	17.4	281791.4	22.1
柏类	19.7	0.1	139.5	0.0
灰榆	3978.5	21.5		
硬阔	4.4	0.0	91.7	0.0
山杨	1974.2	10.7	77708.5	6.1
其他	44.2	0.2	1613.0	0.1

第三节　人工林资源

人工林是陆地生态系统的重要组成部分,在恢复和重建森林生态系统、提供林木产品、改善生态环境等方面起着越来越大的作用。培育人工林资源是改善人居环境,缓解林产品供需矛盾,促进地区经济发展的有效途径。人工林资源发展与自然条件以及人类种植、经营、利用活动直接相关,其数量、质量和变化状况是林业发展政策措施直接或间接的反映,专题分析人工林资源,为营造林工作提供决策依据,对于推动人工林资源的发展,促进森林资源可持续利用具有十分重大的意义。

1. 人工林资源概况

贺兰山人工林面积为 460.6 hm²,蓄积为 869.1 m³。其中,乔木林面积、蓄积为 106.0 hm²

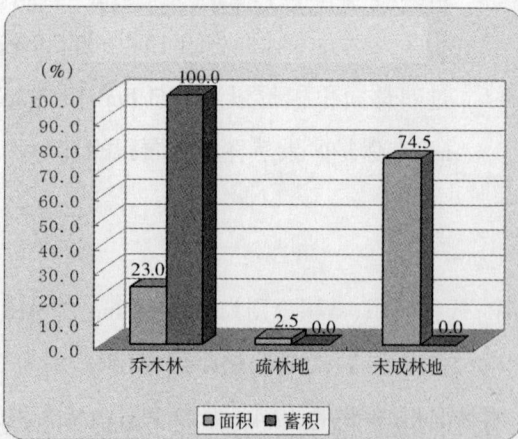

图 4-10 保护区人工林面积蓄积构成

和 869.1 m³,分别占贺兰山人工林面积、蓄积的 23.0% 和 100.0%;疏林地面积、蓄积为 11.5 hm² 和 0.0 m³,分别占贺兰山人工林面积、蓄积的 2.5% 和 0.0%;未成林造林地面积为 343.1 hm²,占贺兰山人工林面积的 74.5%(图 4-10)。

人工乔木林中,全部为国有林,没有集体和个人林。

2. 人工林林种结构

人工乔木林中,防护林面积、蓄积分别为 71.8 hm² 和 573.5 m³,分别占保护区人工乔木

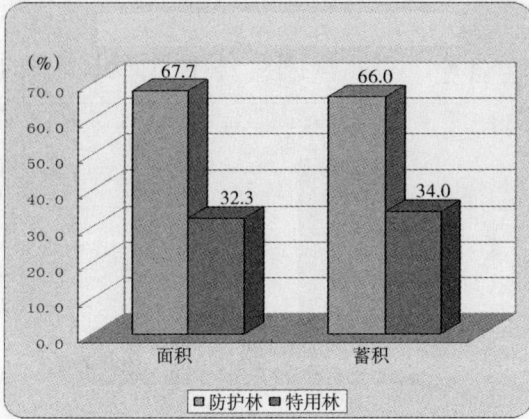

图4-11 人工乔木林各林种面积蓄积构成

林面积、蓄积的67.7%和66.0%;特种用途林面积、蓄积为34.2 hm² 和295.6 m³,分别占全区人工乔木林面积、蓄积的32.3%和34.0%(图4-11)。

3. 人工林龄组结构

人工乔木林中,全部为幼龄林面积、蓄积。

4. 人工林树种结构

人工乔木林中,以刺槐、杨类、苹果为主。其中,刺槐面积、蓄积分别为23.6 hm² 和524.4 m³,分别占保护区人工乔木林面积、蓄积的22.3%和60.3%;杨类面积、蓄积分别为16 hm² 和344.7 m³,分别占人工乔木林面积、蓄积的15.1%和39.7%;苹果面积为22.0 hm²,占人工乔木林面积的20.8%(人工林分按主要优势树种面积分布见表4-3)。

表4-3 人工林乔木林优势树种面积蓄积比例

优势树种	面积(hm²)	比例(%)	蓄积(m³)	比例(%)
合计	106.0	100.0	869.1	100.0
硬阔	4.4	4.2	0.0	0.0
刺槐	23.6	22.3	524.4	60.3
其他杨类	16.0	15.1	344.7	39.7
软阔	22.0	20.8	0.0	0.0
苹果	22.0	20.8	0.0	0.0
核桃	0.8	0.8	0.0	0.0
其他果树类	17.2	16.2	0.0	0.0

第四节 防护林资源

防护林是以发挥生态防护功能为主要目的的有林地、疏林地、灌木林地和未成林地。贺兰山防护林主要是农田牧场防护林和护路林。农田牧场防护林是以保护农田、牧场减免自然灾害,改善自然环境,保障农牧业生产条件为主要目的的有林地、疏林地、灌木林地和未成林地。护路林是以保护铁路、公路免受风、沙、水、雪侵害为主要目的的有林地、疏林地、灌木林地和未成林地。

贺兰山防护林面积 114.9 hm²,蓄积量 1 526.5 m³,分别占保护区二林种总面积、蓄积的 0.3%和0.1%。

1. 防护林各地类面积蓄积结构

防护林中,乔木林面积、蓄积分别为 103.4 hm² 和 1 526.5 m³,分别占保护区防护林面积、蓄积的90.0%和100%;疏林地面积、蓄积分别为 11.5 hm² 和 0.0 m³,分别占保护区防护林面积、蓄积的 10.0%和0.0% (图 4-12)。

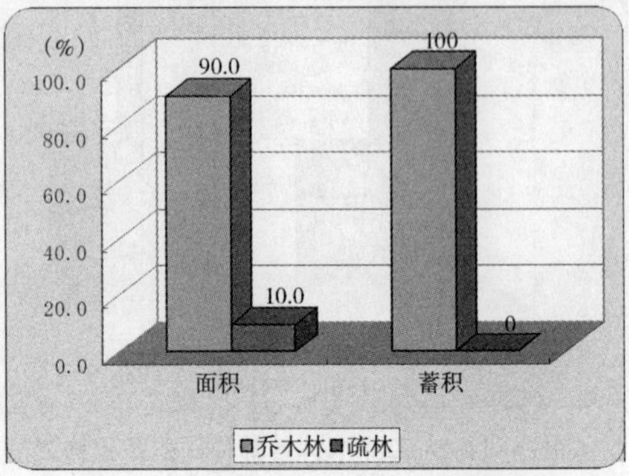

图 4-12 防护林各地类面积蓄积构成

2. 防护林各林种面积蓄积结构

防护林中,农田牧场防护林面积、蓄积分别为 43.6 hm² 和 0.0 m³,分别占防护林面积、蓄积的 42.2%和0.0%;护路林面积、蓄积分别为 59.8 hm² 和 1 526.5 m³,分别占防护林面积、蓄积的 57.8%和100%(图 4-13)。

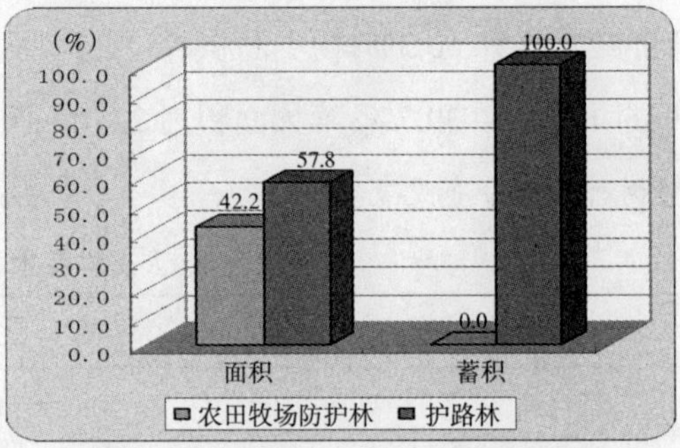

图 4-13 防护林各林种面积蓄积构成

3. 防护林乔木各龄组面积蓄积结构

防护林乔木林中,幼龄林面积、蓄积为 8.4hm²、107.2 m³,分别占乔木防护林面积、蓄积的 8.1%和7.0%;中龄林面积、蓄积为 95.0 hm²、1 419.3 m³,分别占乔木防护林面积、蓄积的 91.9%和93.0%(图 4-14)。

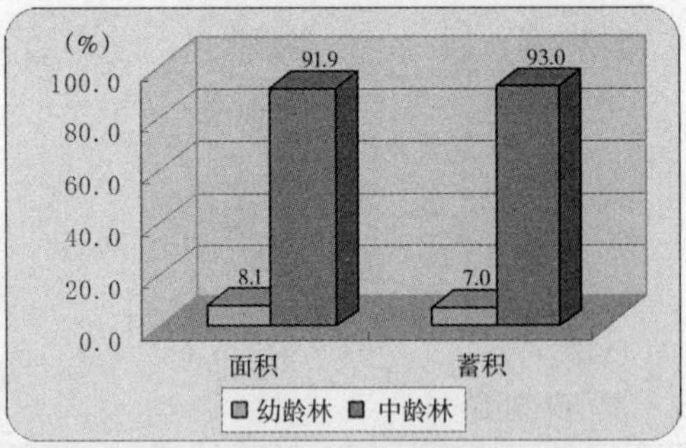

图 4-14 防护林各龄组面积蓄积构成

第五节 特种用途林资源

特种用途林是以保存物种资源、保护生态环境,用于国防、森林旅游和科学实验等为主要经营目的的有林地、疏林地、灌木林地和未成林地。贺兰山特种用途林主要是环境保护林和自然保护林。环境保护林是以净化空气、防止污染、降低噪音、改善环境为主要目的,分布在城市及城郊结合部、工矿企业内、居民区与村镇绿化区的有林地、疏林地、灌木林地和未成林地。自然保护林是各级自然保护区、自然保护小区内以保护和恢复典型生态系统和珍贵、稀有动植物资源及栖息地或原生地,或者保存和重建自然遗产与自然景观为主要目的的有林地、疏林地、灌木林地和未成林地。

贺兰山特种用途林面积、蓄积量分别为 35 323.4 hm² 和 1 319 195.2 m³,分别占全区四大林种总面积、蓄积的 99.7% 和 99.9%。

1. 特种用途林各地类面积蓄积结构

在特种用途林中,乔木林面积、蓄积分别为 18 531.9 hm² 和 1 276 015.6 m³,分别占保护区特种用途林面积、蓄积的 52.5% 和 96.7%;疏林面积、蓄积分别为 7 817.8 hm² 和 43 179.6 m³,分别占保护区特种用途林面积、蓄积的 22.1% 和 3.3%;灌木林面积为 8 973.7 hm²,占保护区特种用途林面积的 25.4%。保护区灌木林地全部为国家特别规定的灌木林(图 4-15)。

2. 特种用途林各林种面积蓄积结构

特种用途林中,环境保护林面积、蓄积分别为 22.0 hm² 和 0.0m³,分别占特种用途林面积、蓄积的 0.1% 和 0.0%;自然保护区林面积、蓄积分别为 18 509.9hm² 和 1 276 015.6m³,分别占特种用途林面积、蓄积的 99.9% 和 100%(图 4-16)。

3. 特种用途林乔木各龄组面积蓄积结构

特种用途乔木林中,无幼龄林;中龄林面积、蓄积为 9 263.7 hm²、909 858.8 m³,分别占特种用途乔木林面积、蓄积的

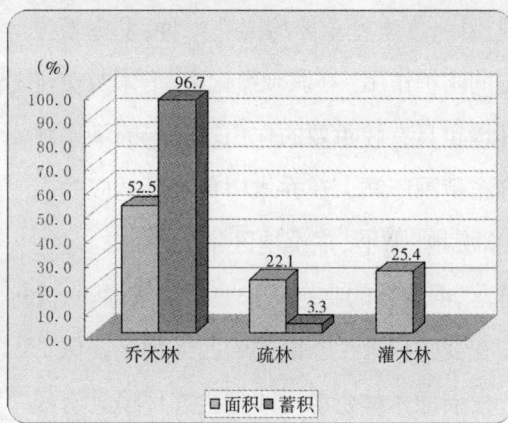

图 4-15 特种用途林各地类面积蓄积构成

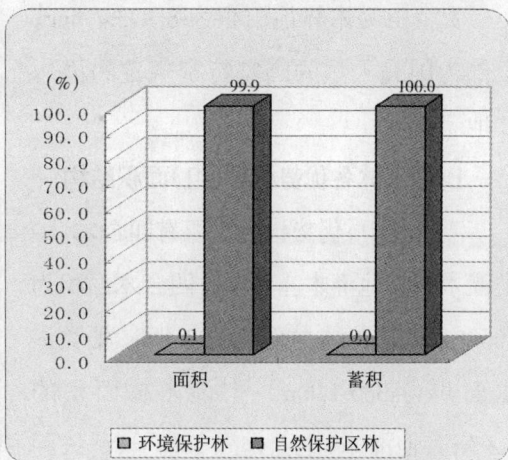

图 4-16 特用林各林种面积蓄积构成

50.0% 和 71.3%;近熟林面积、蓄积为 7 329.7hm²、289 828.4 m³,分别占特种用途乔木林面积、蓄积的 39.6 % 和 22.7%;成熟林面积、蓄积为 1 921.2 hm²、75 935.5 m³,分别占特种用途乔木林面积、蓄积的 10.4% 和 6.0%;过熟幼龄林面积、蓄积为 17.3 hm²、392.9 m³,分别占特种用途乔木林面积、蓄积的 0.1%、0.03%(图 4-17)。

第六节 灌木林资源

灌木耗水量小,耐干旱、耐盐碱、耐高寒,具有很强的更新和自然修复能力,是干旱、半干旱地区的重要造林树种。在治理水土流失、涵养水源、防风固沙等生态公益林建设中,灌木是重要的混交树种,发挥着重要的防护作用。在城乡绿化中,灌木对美化环境也具有较重要的作用。我国的灌木林分布范围广阔,在乔木树种难以适应的高山、湿地、干旱、荒漠地区常能形成稳定的群落,灌木林的生态防护效益非常显著,尤其在我国目前生态脆弱的西部地区,保护和发展灌木林资源对改善生态环境具有极其重要的意义。

贺兰山灌木林地面积为 8 973.7 hm²,全部为国有天然的国家特别规定的灌木林地。

1. 灌木林各优势树种(组)面积结构

灌木林中,优势树种主要有四合木、柏类灌木和其他灌木。其中,四合木面积为306.9 hm²,占灌木林面积的3.4 %;柏类灌木面积为 385.1 hm²,占灌木林面积的4.3%;其他灌木(主要是忍冬枸子、绣线菊等)面积为 8 281.7 hm²,占灌木林面积的92.3%(图 4-18)。

2. 灌木林覆盖度等级面积结构

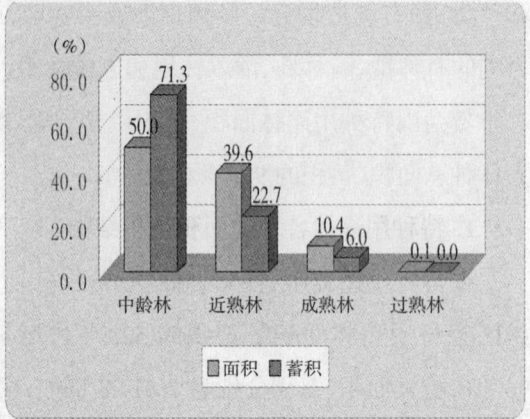

图 4-17 特用林各龄组面积蓄积构成

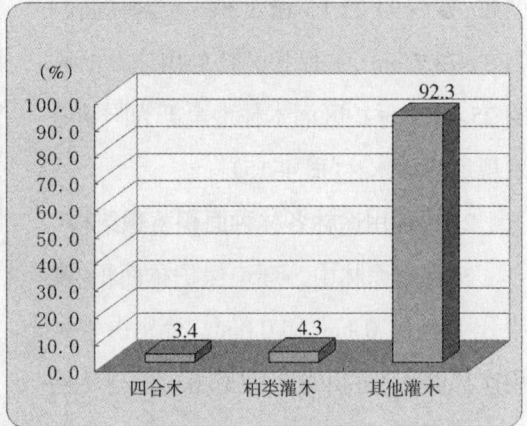

图 4-18 灌木林各优势树种组面积构成

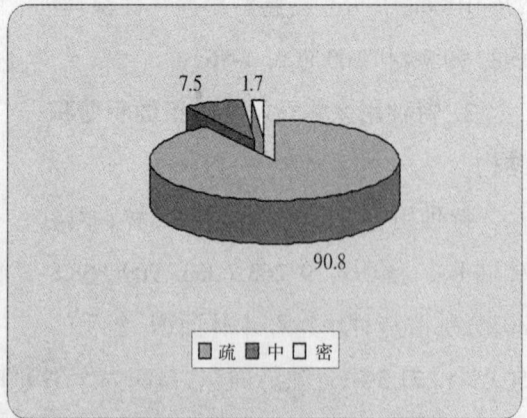

图 4-19 灌木林盖度等级面积构成

灌木林中,按覆盖度等级分,疏(覆盖度30%~49%)面积为 8 148.8 hm²,占灌木林地面积的90.8%;中(覆盖度 50%~69%)面积为 671.3 hm²,占灌木林地面积的7.5%;密(覆盖度

70%以上)面积为 153.6 hm²,占灌木林地面积的1.7%(图 4-19)。

第七节　生态公益林资源

生态公益林是以保护和改善人类生存环境、维持生态平衡、保存物种资源、科学实验、森林旅游、国土保安等需要为主要经营目的的有林地、疏林地、灌木林地和其他林地,确定为生态公益林,包括防护林和特种用途林。生态公益林按事权等级划分为国家公益林和地方公益林。

国家公益林是由地方人民政府根据国家有关规定划定,并经国务院林业主管部门核查认定的公益林。国家公益林划分标准按国家林业局、财政部《关于印发〈国家林业局、财政部重点公益林区划界定办法〉的通知》(林策发〔2004〕94 号)的有关规定执行。宁夏回族自治区贺兰山国家级自然保护区管理局林地符合国家重点公益林的生态区位,范围内的林地全部划分为国家公益林。

生态公益林按保护等级划分为特殊、重点和一般保护三个等级,划分标准执行《生态公益林建设规划设计通则》(GB/T18337.2—2001)和国务院林业主管部门的有关规定。按照宁夏回族自治区生态区位生态重要性和脆弱性等级,国家公益林的保护等级为特殊和重点保护,地方公益林的保护等级为重点和一般保护。

根据国家林业局、宁夏回族自治区林业局关于森林分类区划界定有关技术标准,按森林类别不同进行区划,贺兰山林地面积为 191 127.08 hm²。其中,生态公益林面积为 191 127.08 hm²,占林地面积的 100.0%,无商品林面积。按林地权属分,全部为国有公益林地。

1. 生态公益林各地类面积结构

生态公益林中,乔木林地面积为 18 635.3hm²,占生态公益林面积的 8.6%;疏林地面积为 7 829.3 hm²,占生态公益林面积的 3.6%;灌木林面积为 8 973.7 hm²,占生态公益林面积的 4.2%;未成林地面积为 343.1hm²,占生态公益林面积的 0.2%;宜林地面积为 179 877.2 hm²,占生态公益林面积的 83.4%(图 4-20)。

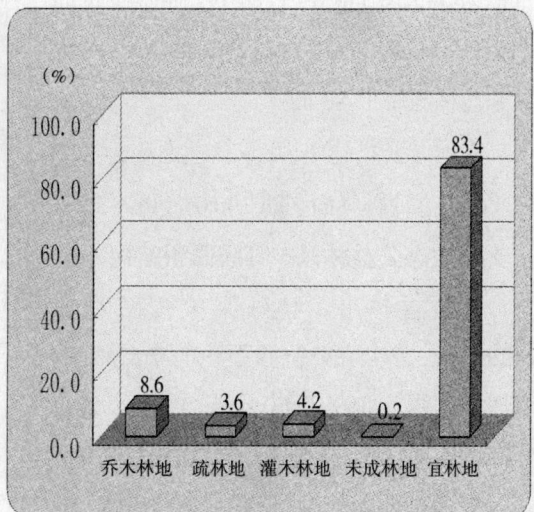

图 4-20　生态公益林各地类面积比例构成图

2. 生态公益林分工程类别面积结构

生态公益林中，天然林保护工程面积为 35 741.8 hm²，占生态公益林面积的 16.573%；"三北"防护林建设工程面积为 9.2 hm²，占生态公益林面积的 0.004 %；其他工程面积为 30.4 hm²，占生态公益林面积的 0.014%；无工程类别面积为 179 877.2 hm²，占生态公益林面积的 83.408%（图 4-21）。

3. 生态公益林事权等级面积结构

生态公益林，按事权等级分，国家公益林面积为 191 127.08 hm²，占生态公益林面积的 99.99%；地方公益林面积为 22.0 hm²，分别占生态公益林面积的 0.01%。

在国家公益林中，乔木林地面积为 18 613.30 hm²，占生态公益林面积的 8.63%；疏林地面积为 7 829.30 hm²，占生态公益林面积的 3.63%；灌木林面积为 8 973.70 hm²，占生态公益林面积的 4.16%；未成林地面积为 343.10 hm²，占生态公益林面积的 0.16%；宜林地面积为 155 342.88 hm²，占生态公益林面积的 83.42%。

在地方公益林中，乔木林地面积为 22.0 hm²，占生态公益林面积的 100.0%（图 4-22）。

4. 生态公益林保护等级面积结构

在公益林中，特殊保护面积为 16 242.6 hm²，占生态公益林面积的 7.53%；重点保护面积为 199 394.0 hm²，占生态公益林面积的 92.5%；一般保护面积为 22.0 hm²，占生态公益林面积的 0.01%。

在国家公益林中，特殊保护面积为 16 242.6 hm²，占国家公益林面积的 7.53%；重点保护面积为 199 394.0 hm²，占国家公益林面积的 92.47%。

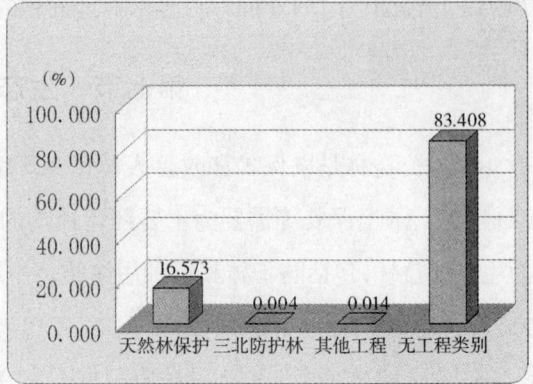

图 4-21　生态公益林工程类别面积构成

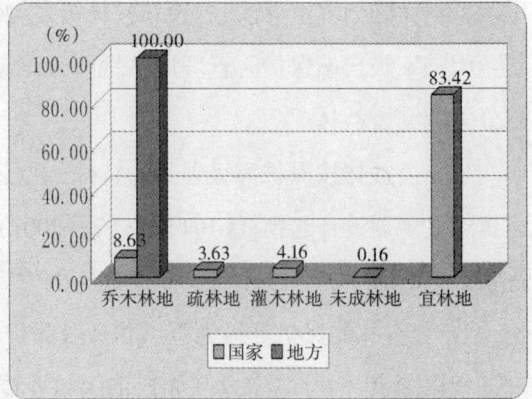

图 4-22　生态公益林事权分各地类面积构成

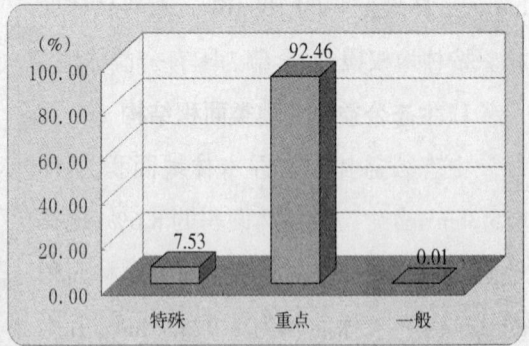

图 4-23　生态公益林保护等级面积构成

在地方林中,全部为一般保护面积为 22.0 hm²(图 4-23)。

第八节 森林资源特点分析

根据 2006 年贺兰山森林资源规划设计调查结果显示,贺兰山森林资源呈现"总量持续增加、质量有所提高、结构有所改善、保护力度加大、管理水平有所提升"的良好发展态势。然而,森林资源总量相对于本区生态建设、国民经济发展和人民生产生活的需求明显不足,森林资源的地理分布不均与改善生态环境、减少自然灾害、保障地区经济可持续发展的要求很不适应。建设和发展保护区森林生态系统,实现森林资源的可持续发展目标的任务仍十分艰巨。从总体上看,保护区现有森林资源呈现以下特点。

1. 森林资源面积蓄积持续增加且分布集中,但覆盖率较低

根据本次调查数据显示,贺兰山森林面积与蓄积持续增长。与上期调查相比,有林地面积、蓄积分别增加 4 289.5 hm²、21.9 万 m³,达到 18 183.0hm² 和 127.8 万 m³。分别占全区有林地面积 16.4 万 hm² 的 11.1%、蓄积 609.7 万 m³ 的 20.9%。贺兰山每平方千米的有林地面积、蓄积为 8.407 hm²、576.3 m³,而宁夏每平方千米的有林地面积、蓄积为 0.032 hm²、0.117 m³,全国每平方千米的有林地面积、蓄积为 0.176 hm²、12.602 m³,分别是宁夏平均值的 262 倍和 4925 倍;是全国平均值的 48 倍和 46 倍。可见贺兰山森林资源很集中。目前,保护区森林覆盖率 14.3%, 相当于世界平均水平 29.60% 的 42.2%, 相当于全国平均水平 18.21% 的 68.6%,相当于宁夏森林覆盖率 11.4% 的 109.6%,居全区 7 位;由此可见,贺兰山森林覆盖率仍然较低,生态环境依然脆弱。

2. 植被类型演替分布明显,但树种资源单一、森林分布不均

贺兰山处荒漠及荒漠草原之间的山地,在气候上受蒙古高压的影响,使西北面受到寒风袭击,而东南又因秦岭、六盘山和子五岭的阻挡,使湿润海风难以深入。因而,从山麓到山顶植被类型演替分布明显,依次为山麓荒漠草原层、耐旱乔灌木层、油松、山杨林层、云杉林层、高山灌丛草甸层。但树种较为单一,外围主要是灰榆散生在沟壑之间,森林主要是云杉、油松和山杨林,灌木主要有忍冬、荀子和外围的四合木,树种资源单一,森林植被仅有油松林和云杉林。虽然通过多年的封育保护,耐旱乔木灰榆恢复 376.4 hm²,但总体上森林植被依然单一,保护有限的森林资源依然任重而道远。

贺兰山森林资源由于气候和自然等因素影响,其地理分布不均衡。就其森林地域分布上,主要集中分布在海拔较高的内山,而山麓外围基本没有森林分布。从管理分区的调查结

果可知,南部马莲口管理站森林覆盖率达 14.5%,中部苏峪口管理站 23.1%,北部大水沟管理站 11.5%,红果子管理站荒漠区 4.3%。可见,就保护区而言,森林主要集中在中南部,而北部森林资源分布较少,森林资源分布明显不均。

3. 森林质量有所提高,但总体上质量仍然偏低

贺兰山通过积极培育和严格的保护措施,数量快速增加,质量、结构明显改善,功能和效益逐步朝着协调的方向发展。根据本次森林资源调查结果,森林生产力逐步提高,林分每公顷蓄积量同比有所改善;林分密度稀疏化得到优化,林分平均郁闭度有所上升,郁闭度在 0.2~0.39 的面积下降 2.1 个百分点,0.7 以上的比例提高了 1.3 个百分点;针叶林和阔叶林比例增加了 4 个百分点。这些可喜的变化,标志着保护区森林资源质量进一步提高。

然而,贺兰山森林质量总体上依然低。单位面积蓄积量不高。目前,保护区平均每公顷蓄积量 68.55 m³,虽然比宁夏林分平均每公顷蓄积量 37.2 m³ 高出近 1 倍。但作为国家级自然保护区,与世界林分平均每公顷蓄积量 99.73 m³ 和全国林分平均每公顷蓄积量 84.73 m³ 相比,分别是世界和全国的 68.7% 和 80.9%。因此,加强森林资源管理,提高森林质量,增强生态系统功能,仍是保护区基础建设和生态建设的重要任务。

4. 林种结构有所调整,但林龄结构较为集中,天然更新缓慢

本次森林资源调查结果显示,特种用途林面积及权重大幅增加,特种用途林面积比例调整到99.4%。更进一步确立了贺兰山保护区的定位,使贺兰山森林资源得到有效恢复,森林面积稳步增长。但由调查数据也不难看出,贺兰山森林的林龄结构进一步集中中龄林和近熟林面积占乔木林面积的 89.5%,林龄结构集中现象明显。按照合理林龄结构的要求,林龄结构明显失调,天然林更新缓慢。

5. 林地面积比例增加,林业建设发展空间广阔

本次森林资源调查结果显示,林地面积成倍增加。林地面积由上次调查的 157 812.9 hm² 增加到本次调查的 215 661.4 hm²,增加了 57 848.5 hm²,比以前增加了 36.6%。由于林地面积的增加,贺兰山保护区面积随之增加,这不仅为贺兰山有效保护区域内森林资源提供基础条件,同时,也为贺兰山研究森林演替规律,在实验区、缓冲区进行人工措施恢复森林植被提供有效空间。

6. 人工林面积开始增加,但造林面积少、树种单一

新中国成立以来,党和政府高度重视人工林资源的培育,采取了一系列政策措施,有利的促进了造林绿化工作的开展。贺兰山通过几十年的不懈努力,在贺兰山实验区和缓冲区进行人工造林实验,使保护区人工造林从无到有,人工林面积达到 106.0 hm²。但造林成本大、面积小、树种单一,造林树种主要选择了刺槐和杨树。目前,通过封山育林,保护区外围的酸枣、灰榆等抗旱树种得到有效恢复,近自然林业在今后通过人工措施的干预,将为贺兰山森林面积的扩展带来新的机遇。

第五章　森林资源动态变化分析

由于贺兰山仅在 1986 年进行过全面的森林资源规划设计调查工作，其他调查只是零星的、部分的调查，而且在每次调查中，调查的技术规定和标准都有不同程度的差异。为了能更系统、准确的反映各时期森林资源的变化情况，在进行对比分析时将技术标准尽可能统一在本次调查的口径上，使其有一定的可比性。因此，对贺兰山国家级自然保护区于 2003 年经国务院批准进行了范围调整（扩界），使保护区范围由 157 812.9 hm² 调整到 221 669 hm²（其中国家级保护区 206 266 hm²），2011 年，贺兰山国家级自然保护区面积调整为 193 535.68 hm²。为了便于与 1986 年"六五"森林资源调查资料进行对比分析，我们将森林资源动态变化分析总面积定位 157 812.9 hm²。重点与 1986 年"六五"资料进行对比，分析该段资源的动态变化。同时在做数据分析时，利用贺兰山其他各时期森林资源应用的统计数据做补充，使分析对比成为一个体系。

由本次调查结果显示，贺兰山森林面积和蓄积均保持稳定增长态势，森林覆盖率稳步攀升，林地流失量有所减少，林地面积逐步扩大，森林天然更新进一步显现，林种结构趋于合理，树种结构在随天然更新力度逐渐改善。森林资源已呈现出"面积稳定增加、更新程度提高、结构趋于合理"的良好发展态势，标志着贺兰山林业建设开始步入崭新的发展阶段，森林资源步入稳定增长阶段，天然保护更新步入良性演替阶段。

第一节　各林地类面积变化分析

通过对贺兰山各时期调查结果分析表明，在贺兰山林地面积保持不变的情况下，林地各地类面积及森林覆盖率总体均呈现增长的趋势。其变化趋势可分为两个阶段，第一阶段是从 1965~1986 年 20 年间，有林地是增长的趋势，而疏林地和灌木林地是减少的趋势，而综合三大地类总体是一个下降趋势，20 年总面积减少 4 452.7 hm²，比 1965 年减少 18.8%，平均每年减少 1.9 个百分点；第二阶段是从 1986~2006 年 20 年间，无论是有林地，还是疏林地和灌木林地都是增长的趋势,增长总面积 15 782.1 hm²,比 1986 年增长了 82.2%,平均每年增长 4.1 个百分点(表 5-1)。

表 5-1　贺兰山林地各地类变化面积统计

单位:hm²

统计时期	林地					森林覆盖率(%)
	林地	有林地	疏林地	灌木林地	宜林地	
1964 年	157812.9	11340.4	3597	8719.2	134156.3	12.7
1975 年	157812.9	11913.2	3012.8	6213.1	136673.8	11.5
1986 年	157812.9	13893.5	2798.7	2511.7	138609	10.4
1998 年	157812.9	17227.4	7998.7	3865.2	128721.6	13.4
2006 年	157812.9	18183.0	7829.3	8973.7	122826.9	17.2

1. 有林地面积变化分析

有林地面积总体变化是稳定平稳增长的趋势,自 1986 年的 13 893.5 hm²,增长到 2006 年的 18 183.0 hm²,净增长面积 6 842.6 hm²,净增长率 30.9%,年均净增长面积 171.1 hm²,年均净增率 1.2%。但有林地面积增长在各个调查时期并不是等效增长,整个增长是一个缓慢增长→→快速增长→→缓慢增长的过程。1964~1975 年是第一个

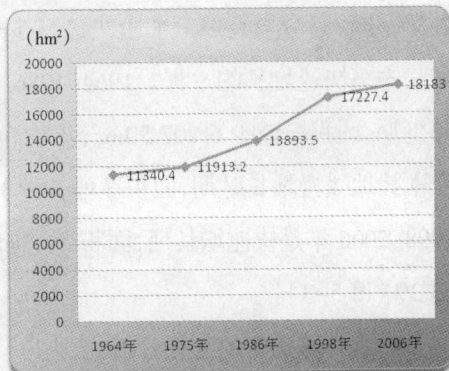
图 5-1　有林地各时期面积变化趋势

缓慢增长期,面积净增长 57.3 hm²,年均净增长 265.7 hm²,年均净增率 0.5%;1975~1998 年是有林地快速增长时期,面积净增长 5314.2 hm²,年均净增长 572.8 hm²,年均净增率 2.2%;1998~2006 年是第二个缓慢增长期,面积净增长 955.7 hm²,年均净增长 95.6 hm²,年均净增率 0.6%(图 5-1)。

2. 疏林地面积变化分析

疏林地面积总体变化是增长的趋势,自 1986 年的 3 597.0 hm²,增长到 2006 年的 7 829.3 hm²,净增长面积 4 232.3 hm²,净增长率 117.7%,年均净增长面积 105.8 hm²,年均净增率 29.4%。但其变化趋势与有林地面积变化趋势截然不同,整个增长是一个由缓慢减少→→快速增长→→缓慢减

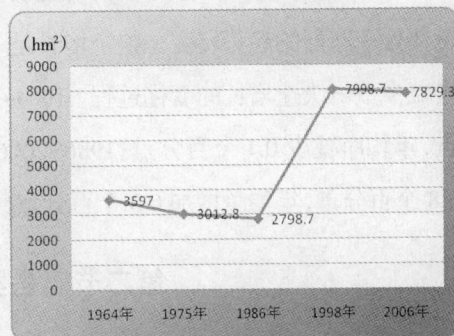
图 5-2　疏林地各时期面积变化趋势

少的过程。1964~1986 年是第一个缓慢减少期，面积净减少 798.3 hm²，年均净减少 39.9 hm²，年均净降率 11.1%；1986~1998 年是疏林地快速增长时期，面积净增长 5 200.0 hm²，年均净增长 520.0 hm²，年均净增率 18.6%；1998~2006 年是第二个缓慢减少期，面积净减少 169.4 hm²，年均净降面积 16.9 hm²，年均净降率 0.2%（图 5-2）。

3. 灌木林地面积变化分析

灌木林地面积总体变化也是增长的趋势，但增长幅度较小。自 1986 年的 8 719.2 hm²，增长到 2006 年的 8 973.7 hm²，净增长面积 254.5 hm²，净增长率 2.9%，年均净增长面积 6.4 hm²，年均净增率 0.07%。其变化趋势与其他林地面积变化趋势截然不同，整个增长是一个由快速减少→→缓慢增长→→快速增长的过程。1964~1986 年是快速

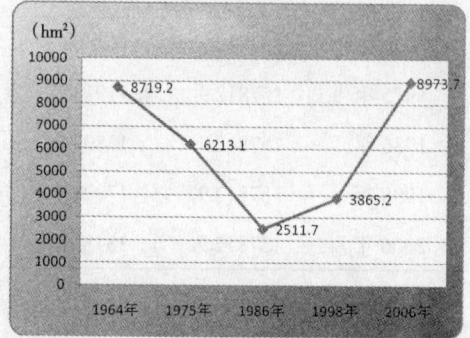

图 5-3 灌木林地各时期面积趋势

减少期，面积净减少 6 207.5 hm²，年均净减少 310.4 hm²，年均净降率 3.6%；1986~1998 年是灌木林地缓慢增长时期，面积净增长 1 353.5 hm²，年均净增长 135.3 hm²，年均净增率 5.4%；1998~2006 年是快速增长期，面积净增加 5 108.5 hm²，年均净降面积 510.9 hm²，年均净增率 13.2%（图 5-3）。

4. 森林覆盖率的变化分析

森林覆盖率是一个地区或区域评价森林资源的首要指标，它能综合反映本区域森林生态系统的总体状况。贺兰山森林覆盖率总体是增长的趋势，自 1986 年的 12.7% 增长到 2006 年的 17.2%，净增长 4.5 个百分点。森林植被、生态环境总体处于向好的趋势转变。整个增长是一个由缓

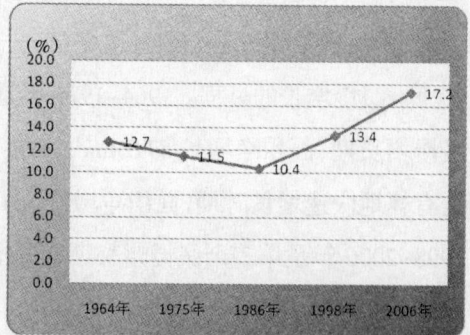

图 5-4 木林覆盖率各时期变化趋势

慢减少→→快速增长的变化过程。1964~1986 年是缓慢减少期，森林覆盖率减少 2.3 个百分点，年均净减少 0.1 个百分点；1986~2006 年是森林覆盖率快速增长时期，森林覆盖率增加 6.8 个百分点，年均净增加 0.3 个百分点（图 5-4）。

第二节　各类林木蓄积变化分析

林木蓄积是反映森林质量的重要指标，也是林木直接经济价值的具体显现，其质量的

高低也反映生态作用的程度。通过对贺兰山各时期调查结果分析表明,贺兰山林活立木蓄积总体均呈现增长的趋势。活立木蓄积由 1964 年的 84.8 万 m³ 增长到 2006 年的 132.1 万 m³,比 1986 年增长了 47.3 万 m³,年均增长 1.18 万 m³ 年均增长率 0.9%(表 5-2)。

表 5-2 贺兰山各类林木蓄积统计

单位:万 m³

统计时期	活立木蓄积量	乔木林地	疏林地
1964 年	84.8	72.3	12.5
1975 年	115.5	102.4	12.8
1986 年	143.2	127.8	15.1
1998 年	175.6	162.6	13
2006 年	132.1	127.8	4.3

1. 活立木总蓄积变化分析

活立木蓄积总体均呈现增长的趋势。活立木蓄积由 1964 年的 84.8 万 m³ 增长到 2006 年的 132.1 万 m³,比 1986 年增长了 47.3 万 m³,年均增长 1.18 万 m³,年均增长率 1.4%。其变化趋势与其他林地面积变化趋势截然不同, 整个增长是一个由稳定增长→→缓慢减少的过程。1964~1998 年是

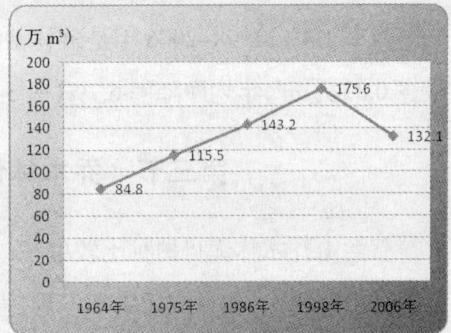

图 5-5 活立木蓄积量各时期变化趋势

活立木蓄积稳定增长期,蓄积净增加 90.8 万 m³,年均净增加 3.0 万 m³,年均净增率 3.5%;1998~2006 年是活立木蓄积缓慢减少时期,活立木蓄积净减少 43.5 万 m³,年均净减少 4.4 万 m³,年均净降率 2.5%(图 5-5)。

2. 乔木林蓄积变化分析

乔木林蓄积变化趋势总体上与活立木蓄积变化趋势是一致的,均呈现增长的趋势。活立木蓄积由 1964 年的 72.3 万 m³ 增长到 2006 年的 127.8 万立方米,比 1986 年增长了 55.5 万 m³,年均增长 1.39 万 m³,年均增长率 1.9%。其变化趋势是由稳定

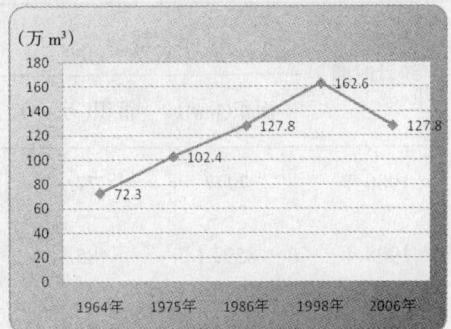

图 5-6 乔木林蓄积各时期变化趋势

增长→→缓慢减少的过程。1964~1998 年是乔木林蓄积稳定增长期,蓄积净增加 90.3 万 m³,年均净增加 3.0 万 m³,年均净增率 4.1%;1998~2006 年是活立木蓄积缓慢减少时期,乔木林蓄积净减少 34.8 万 m³,年均净减少 3.5 万 m³,年均净降率 2.2%(图 5-6)。

3. 疏林地蓄积变化分析

疏林蓄积变化趋势总体上与活立木蓄积变化趋势是截然相反的,均呈现减少的趋势。疏林蓄积由 1964 年的 12.5 万 m³ 减少到 2006 年的 4.3 万 m³,比 1986 年减少了 8.2 万 m³,年均减少 0.2 万 m³,年均降低率 1.6%。其变化趋势是由稳定增长→→缓慢减少→→快速减少的过程。1964~1986 年是疏林蓄积稳定增长期,蓄积净增加 2.6 万 m³,年均净增加 0.13 万 m³,年均净增率 1.0%;1986~

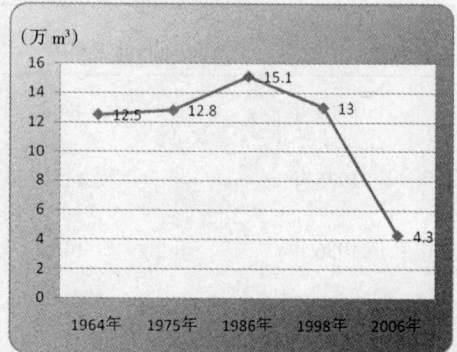

图 5-7 疏林蓄积各时期变化趋势

1998 年是疏林蓄积缓慢减少时期,乔木林蓄积净减少 2.1 万 m³,年均净减少 0.21 万 m³,年均净降率 1.4%;1998~2006 年是疏林蓄积快速减少时期,疏林蓄积净减少 8.7 万 m³,年均净减少 0.87 万 m³,年均净降率 6.7%(图 5-7)。

第三节 乔木林优势树种(组)结构变化分析

贺兰山乔木林优势树种比较单一,主要有天然的云杉、油松和山杨。由于在前期贺兰山分为后山和前山,包括内蒙古和宁夏,直到 1986 年才有优势树种的蓄积记载。各期数据显示,优势树种云杉和油松的面积和蓄积总体是增加的,而山杨的面积和蓄积总体是减少的(表 5-3)。

表 5-3 贺兰山乔木林主要优势树种面积蓄积统计

统计时期	云杉		油松		山杨	
	面积(hm³)	蓄积(万 m³)	面积(hm³)	蓄积(万 m³)	面积(hm³)	蓄积(万 m³)
1986 年	7977	77.9	2520	20.2	3996	29.7
1998 年	8599.1	85.3	3400.3	26.4	3623.5	30.6
2006 年	9288.8	91.5	3219.5	28.2	1974.2	7.8

1. 各优势树种的面积变化分析

优势树种的面积变化趋势各不相同,云杉和油松面积总体上均呈现增长的趋势。其中云杉面积增加 1 311.8 hm²,年均增加 65.6 hm²,年均增长率 0.8%,其变化趋势是稳定增长;而油松是由稳定增长→→缓慢减少的变化过程。1986~1998 年期间油松面积是稳定增长期,面积净增加 880.3 hm²,年均净增加 88.0 hm²,年均净增率 3.5%;1998~2006 年是

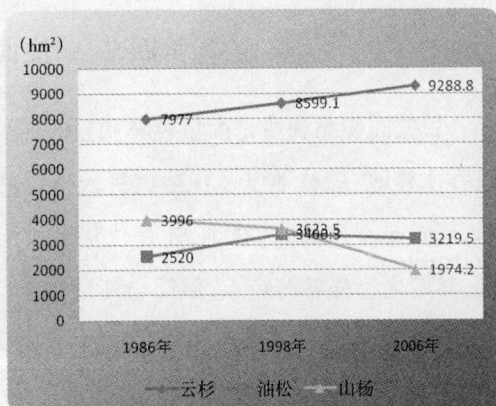

图 5-8 各优势树种面积变化趋势

其面积缓慢减少时期,面积净减少 180.8 hm²,年均净减少 18.1 hm²,年均净降率 0.5%;山杨是由缓慢减少→→快速减少的变化过程。1986~1998 年期间是山杨面积缓慢减少期,面积净减少 372.5 hm²,年均净增加 37.3 hm²,年均净增率 0.9%;1998~2006 年是其面积快速减少时期,面积净减少 1 649.3 hm²,年均净减少 164.9 hm²,年均净降率 4.5%(图 5-8)。

2. 各优势树种的蓄积变化分析

优势树种的蓄积变化趋势各不相同,云杉和油松蓄积总体上均呈现增长的趋势。其中云杉蓄积增加 13.6 万 m³,年均增加 0.68 万 m³,年均增长率 0.9%,其变化趋势是稳定增长;而油松蓄积也是稳定增长的变化过程。蓄积净增加 8.0 万 m³,年均净增加 0.4 万 m³,年均净增率 2.0%;山杨是由缓慢增加→→快速减少的变化过程。1986~1998 年期间是山杨蓄

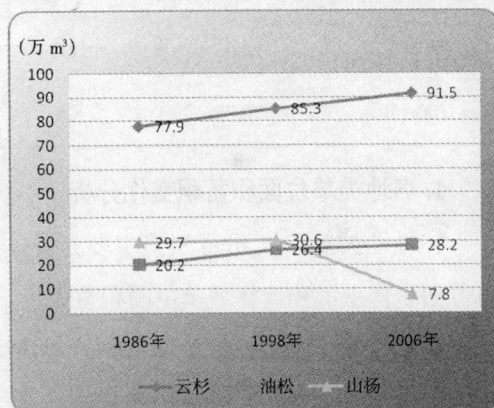

图 5-9 各优势树种蓄积变化趋势

积缓慢减增加,蓄积净增加 0.9 万 m³,年均净增加 0.09 万 m³,年均净增率 0.3%;1998~2006 年是其面积快速减少时期,蓄积净减少 22.8 万 m³,年均净减少 2.3 万 m³,年均净降率 7.5%(图 5-9)。

由于各期调查的时间跨度大,优势树种的比较,不能真实反映的两期调查真正的优势树种变化情况。特别是云杉和油松更新山杨过程变化情况不能反映时间接点,使面积和蓄积变化缩小或夸大。但依然符合森林群落的正向演替规律,为建立更加完备、更加稳定的森林生态系统打下良好的物质基础。

第四节 单位面积蓄积变化分析

单位面积蓄积量是衡量森林质量的照顾要指标,贺兰山森林资源单位面积蓄积量主要是乔木林地、疏林地以及优势树种云杉、油松和山杨的单位面积蓄积量。各期调查数据显示,无论是乔木林、疏林地,还是优势树种云杉、油松和山杨的单位面积蓄积变化都有所不同,其变化趋势各有特点,但都与其自然生长和技术标准变化是相互对应的(表5-4)。

表 5-4 贺兰山乔木林、疏林及优势树种地单位面积蓄积统计

单位:m³/hm²

统计时期	乔木林地	疏林地	优势树种		
			云杉	油松	山杨
1964 年	63.8	34.7			
1975 年	86	42.5			
1986 年	92	54	97.7	80.2	74.3
1998 年	94.4	16.2	99.2	77.6	84.4
2006 年	70.3	5.5	98.5	87.6	39.5

1. 各地类单位面积蓄积变化分析

林地地类单位面积蓄积量主要是乔木林单位面积蓄积量和疏林地单位面积蓄积量。贺兰山乔木林单位面积总体是增长的趋势,乔木林蓄积由 1964 年的 63.8 m³ 减少到 2006 年的 70.3 m³,比 1986 年增加了 6.5 m³,年均增加 0.16 m³,年均降低率 0.3%。其变化趋势是由快速增长→→缓慢增长→→快速减少的过程。1964~1975 年是乔木林单位面积蓄积快速增长

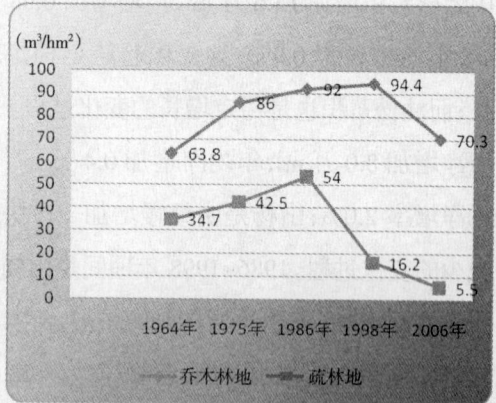

图 5-10 各地类单位面积蓄积变化趋势

期,单位面积蓄积净增加 22.2 m³,年均净增加 2.2 m³,年均净增率 3.4%;1975~1998 年是乔木林单位面积蓄积缓慢增长时期,单位面积蓄积净增加 8.4 m³,年均净减少 0.42 万 m³,年均净增率 0.5%;1998~2006 年是乔木林单位面积蓄积快速减少时期,单位面积蓄积净减少 24.1 m³,年均净减少 2.4 m³,年均净降率 2.5%(图 5-10)。

疏林单位面积蓄积变化趋势总体上与活立木蓄积变化趋势是截然相反的,呈现减少的趋势。疏林单位面积蓄积由 1964 年的 34.7 m³ 减少到 2006 年的 5.5 m³,比 1986 年减少了 29.2 m³,年均减少 2.9 m³,年均降低率 8.4%。其变化趋势是由稳定增长→→快速减少→→缓慢减少的过程。1964~1986 年是疏林单位面积蓄积稳定增长期,蓄积净增加 19.3 m³,年均净增加 1.0 m³,年均净增率 2.8%;1986~1998 年是疏林单位面积蓄积快速减少时期,蓄积净减少 37.8 m³,年均净减少 3.7 m³,年均净降率 6.9%;1998~2006 年是疏林蓄积缓慢减少时期,疏林蓄积净减少 8.7 m³,年均净减少 10.7 m³,年均净降率 66.0%(图 5-10)。

2. 各优势树种单位面积蓄积变化分析

优势树种的单位面积蓄积量变化趋势各不相同,云杉单位面积蓄积变化趋势总体上有所增加,但其变化基本在一个稳定的状态中。其单位面积蓄积由 1986 年的 97.7 m³ 减少到 2006 年的 98.5 m³,比 1986 年增加了 0.8 m³,年均增加 0.04 m³,年均增长率 0.04%。其变化趋势是由缓慢增长→→缓慢减少的过程。1986~1998 年是云杉单位面积蓄积缓慢

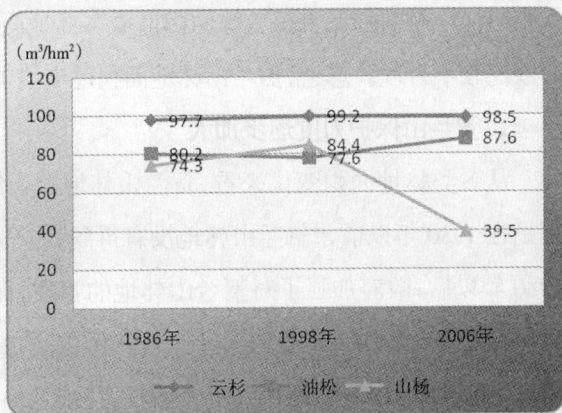

图 5-11 各优势树种单位面积蓄积变化趋势

增长期,蓄积净增加 1.5 m³,年均净增加 0.15 m³,年均净增率 0.15%;1998~2006 年是云杉单位面积蓄积缓慢减少时期,蓄积净减少 0.7 m³,年均净减少 0.07 m³,年均净降率 0.07%(图 5-11)。

油松单位面积蓄积变化趋势总体上呈现增加的趋势。油松单位面积蓄积由 1986 年的 80.2 m³ 增加到 2006 年的 87.6 m³,比 1986 年增加了 7.2 m³,年均增加 0.36 m³,年均增长率 0.4%。其变化趋势是由缓慢减少→→缓慢增加的过程。1986~1998 年是油松单位面积蓄积缓慢减少期,蓄积净减少 2.6 m³,年均净减少 0.26 m³,年均净降率 0.3%;1986~2006 年是油松单位面积蓄积缓慢增加时期,蓄积净增加 10.0 m³,年均净增加 1.0 m³,年均净增率 1.3%(图 5-11)。

山杨单位面积蓄积变化趋势总体上呈现减少的趋势。山杨单位面积蓄积由 1986 年的 74.3 m³ 减少到 2006 年的 39.5 m³,比 1986 年减少了 34.8 m³,年均减少 1.74 m³,年均降低率 2.3%。其变化趋势是由缓慢增加→→快速减少的过程。1986~1998 年是山杨单位面积蓄积

缓慢增加期,蓄积净增加 10.1 m³,年均净增加 1.0 m³,年均净增率 1.3%;1986~2006 年是山杨单位面积蓄积快速减少时期,蓄积净减少 44.9 m³,年均净增加 4.5 m³,年均净降率 5.3%(图 5-11)。

第五节　森林资源各地类面积与蓄积变化原因分析

贺兰山森林资源面积和蓄积变化的原因无外乎自然原因和人为因素所致。由于贺兰山建立自然保护区以后,加强了森林的封育和管护,大力开展人工造林、人工促进天然更新等营林措施,使各林地面积和蓄积沿着正向发展方向转变。同时,由于本区气候干旱、放牧和人为破坏以及前期调查粗放等原因造成各林地面积和蓄积向逆向发展,造成阶段变化不明显或比较不合理。总之,贺兰山林地面积逐步增加,森林资源正朝着有力的方向发展。

1. 贺兰山保护力度逐步加大

从各类林地面积变化来看,贺兰山林地面积经过由减少到增长的变化趋势,其主要原因是在 1980 年以前, 贺兰山林地没有得到有效保护, 致使林地面积得不到有效恢复。自 1980 年以后,政府加强了对贺兰山林地的管理,保护本地区生态环境,同时 1982 年被列为省级保护区,到1988 年成为国家级自然保护区,2002 年清理贺兰山上的羊只,加大了保护力度,使得贺兰山有林地得到自然恢复,特别是外围得到保护后,没有人为的破坏和羊只的啃食,使贺兰山灌木林地和疏林地得到迅速恢复,灌木林恢复到 1964 年的面积以上,而外围的灰榆由零星分布,快速转化为疏林地,到 1998 年以后,呈自然恢复状态,恢复速度有所减缓。

2. 贺兰山天然植被的正常演替变化

由应用统计参考数据可知,自 1964~1986 年,无论是活立木总蓄积,还是乔木林蓄积都是一个增长的趋势,而且增长趋势明显,1986 年以后,自然保护区的蓄积却是一个缓慢下降的走势,这种变化的主要原因是由贺兰山的自身森林特点所决定。贺兰山森林资源全部由天然林组成,在 1980 年以后,保护力度逐步加强,森林资源经历由缓慢增长到加速增长的过程,但当原有森林资源得到有效恢复后,森林资源的恢复性增长停止,转为一种自然增长状态,森林资源增长又由快速转入一种缓慢而正常的增长趋势,这无论是从面积变化上,还是蓄积变化上都能说明此点。但到本次调查森林蓄积为什么呈现减少的现象,这一是由于贺兰山山杨林的自然更新所致,天然山杨林由于天然更新蓄积减少 21.9 万 m³,而更新的云杉和油松幼林又没有蓄积,如果消除这种自然更新演替过程,那么贺兰山森林资源活立木蓄积自1986~2006年增长10.8万m³,增长8.9%;乔木林蓄积增长21.9万m³,增长17.1%。二是本次森林资源调查中灰榆蓄积没有计算,而上次调查蓄积计算在内,由于数据不能收集,本次不作详细分析。

3. 林业重点工程建设成效显著

一是中德合作宁夏贺兰山东麓封山育林(草)项目。中德合作宁夏防护林项目,是宁夏贺兰山东麓地区集生态、经济、社会效益为一体的大型林业建设工程。贺兰山东麓封山育林(草)项目是其中的一个子项目。项目区位于贺兰山中部,南起大水渠,北到汝箕沟,西到贺兰山分水岭与内蒙古交界处,东到贺兰山山脚,总面积10.2万hm²。在此范围内规划封山育林育草面积3万hm²,项目执行期为5年,即1996~2000年。通过5年的封育,项目区植被覆盖度由1996年的35%提高到2000年的44.2%,代表性植物高度平均增长62%。

二是天然林保护工程实施。宁夏贺兰山国家级自然保护区天然林保护工程自2000年开始实施。2000年规划保护区南起三关,北至苦水沟,西到分水岭,东沿山脚下,总面积15.8万hm²,均纳入工程实施范围。截至目前,已在榆树沟、山嘴庙沟、大石头沟、甘沟、苏峪口沟、黄旗口沟、小口子沟共实施封育面积2.28万hm²。经过多年的封育管护,封育区内植被覆盖度由2000年的40%提高到目前的60%,工程区水土流失得到基本治理,风沙危害明显减轻,植被涵养水源、蓄水保土、调节气候等多种效益功能明显增强。

4. 森林资源调查标准发生变化

从乔木林和疏林地单位蓄积变化趋势看,其单位蓄积都是减少的,其变化的主要原因一是有林地和疏林地技术标准发生了变化,1986年,有林地郁闭度要求在大于等于0.3以上,乔木林质量要求比较高,而本次调查有林地郁闭度要求大于等于0.2以上,乔木林质量要求相对较低。同时,疏林地郁闭度要求也相应降低,造成单位蓄积量降低;二是由于山杨林天然更新,使山杨乔木林蓄积突然减少,造成乔木林蓄积减少。若除去标准变化和山杨林天然更新的影响,由树种的蓄积变化可以看出,森林资源质量所改善,森林资源蓄积略有提高,单位面积蓄积持续增加,这与贺兰山全面实施封山育林、封山禁牧等措施是相符的。

第六章　森林资源的区域分布概况

长期以来,贺兰山森林资源由于受人为活动和自然地理气候条件等因素的影响,其地理分布不均衡,大部分森林资源集中分布贺兰山中部的内山,从地域分布来看,森林资源分布的总体趋势是南部多、北部少,高山多、低山少。随着保护区对贺兰山保护力度的不断加大,森林资源逐渐丰富,分布不均的状况将得到进一步改善。

第一节　森林资源在保护站分布概述

贺兰山森林资源分布主要是在各保护管理站的分布,在四个保护站中,森林资源集中分布在大水沟、苏峪口管理站,占保护区森林总面积的74.6%。其中,大水沟管理站森林面积12 783.4 hm²,占保护区森林总面积的46.3%;苏峪口管理站森林面积7 798.6 hm²,占保护区森林总面积的28.2%;马莲口和红果子管理站森林面积7 027.0 hm²,占保护区森林总面积的25.4%(表6-1)。

表6-1　贺兰山森林资源按保护站分布

保护站	总面积(hm²)	森林面积(hm²)			森林蓄积(m³)	森林覆盖率(%)
		合计	乔木林面积	特灌面积		
贺兰山	193535.68	27609	18635.3	8973.7	1277542.1	14.3
红果子管理站	26996.48	1692.4	350.7	1341.7	304.2	6.27
大水沟管理站	99242.3	12783.4	7532.6	5250.8	435904.7	12.88
苏峪口管理站	33708.2	7798.6	6978.7	819.9	564791.3	23.13
马莲口管理站	33588.7	5334.6	3773.3	1561.3	276541.9	15.88

1. 各管理站乔木林面积分布

在森林面积中,乔木林地面积占67.5%,可见贺兰山森林面积是以乔木林地为主。从乔木林地面积看,主要分布在大水沟、苏峪口和马莲口管理站,占贺兰山乔木林地总面积的98.2%。其中,大水沟管理站乔木林地面积 7 532.6 hm²,占贺兰山乔木林地总面积的40.4%;苏峪口管理站乔木林地面积 6 978.7 hm²,占贺兰山乔木林地总面积的37.4%;马莲口管理站乔木林地面积 3 773.3 hm²,占贺兰山乔木林地总面积的20.2%(图6-1)。

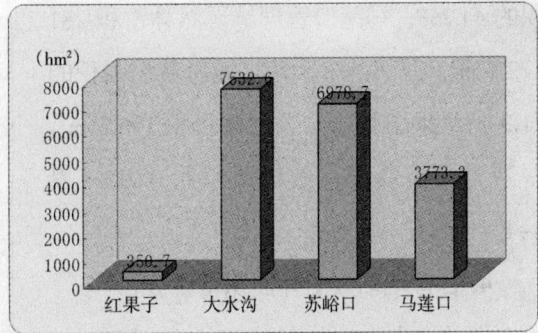

图6-1 乔木林面积按保护站分布

2. 各管理站乔木林蓄积分布

贺兰山乔木林蓄积为 1 277 542.1 m³,按照乔木林蓄积由高到低的顺序排列为苏峪口管理站蓄积为 564 791.3 m³,占乔木林蓄积的44.2%;大水沟管理站蓄积为 435 904.7 m³,占乔木林蓄积的34.1%;马莲口管理站蓄积为 276541.9 m³,占乔木林蓄积的21.6%;红果子管理站蓄积为 304.2 m³,占乔木林蓄积的0.02%(图6-2)。

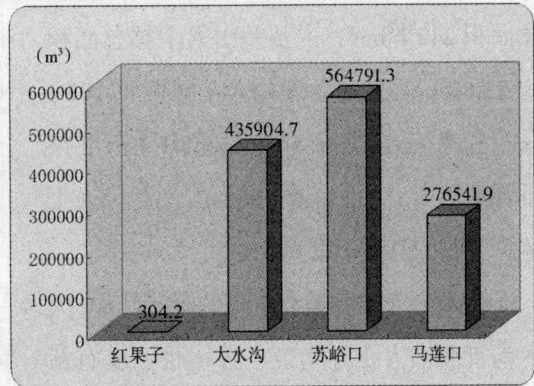

图6-2 乔木林蓄积按保护站分布

3. 各管理站天然林面积蓄积分布

天然林包括乔木林、疏林地和灌木林。贺兰山天然林面积 35 320.8 hm²。其中,大水沟管理站天然林面积 17 642.7 hm²,占贺兰山天然林总面积的49.9%;苏峪口管理站天然林面积 8 862.2 hm²,占贺兰山天然林总面积的25.1%;马莲口管理站天然林面积 5 966.0 hm²,占贺兰山天然林总面积的16.9%;红果子管理站天然林面积 2 849.9 hm²,占贺兰山天然林总面积的8.1%(图6-3)。

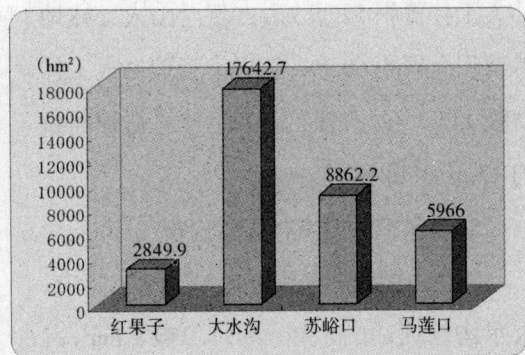

图6-3 天然林面积按保护站分布

贺兰山天然林蓄积 1 319 852.6 m³。其中,大水沟管理站天然林蓄积 454 858.2 m³,占贺兰山天然林总蓄积的34.5%;苏峪口管理站天然林蓄积 583 625.3 m³,占贺兰山天然林总蓄积的 44.2%；马莲口管理站天然林蓄积 281 172.8 m³，占贺兰山天然林地总蓄积面积的 21.3%；红果子管理站天然林蓄积 196.3 m³，占贺兰山天然林总蓄积面积的 0.01%（图 6-4）。

4. 各管理站人工林面积蓄积分布

贺兰山人工林面积 460.6 hm²。其中，大水沟管理站人工林面积 22.0 hm²，占贺兰山人工林总面积的 4.8%；苏峪口管理站人工林面积 242.1 hm²，占贺兰山人工林总面积的 52.6%；马莲口管理站人工林面积 192.1 hm²，占贺兰山人工林总面积的 41.7%；红果子管理站人工林面积 4.4 hm²，占贺兰山人工林总面积的 0.1%（图 6-5）。

贺兰山人工林蓄积 869.1 m³。其中，大水沟管理站人工林为经济林树种，没有蓄积。苏峪口管理站人工林蓄积 225.9 m³，占贺兰山人工林总蓄积的 26.0%；马莲口管理站人工林蓄积 527.9 m³，占贺兰山人工林地总蓄积面积的 60.7%；红果子管理站人工林蓄积 115.3 m³，占贺兰山人工林总蓄积面积的 13.31%（图 6-6）。

5. 各保护站灌木林面积分布

贺兰山灌木林面积 8 973.7 hm²。其中，大水沟管理站灌木林面积 5 250.8 hm²，占贺兰山灌木林总面积的 58.5%；苏峪口管理站灌木林面积 8 19.9 hm²，占贺兰山灌木林总面积的 9.1%；马莲口管理站灌木林面积 1 561.3 hm²，占贺兰山灌木林总面积的 17.4%；

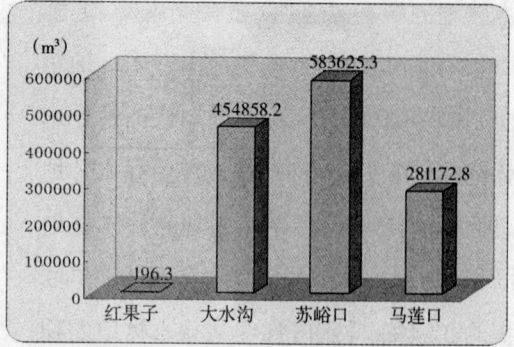

图 6-4 天然林蓄积按保护站分布

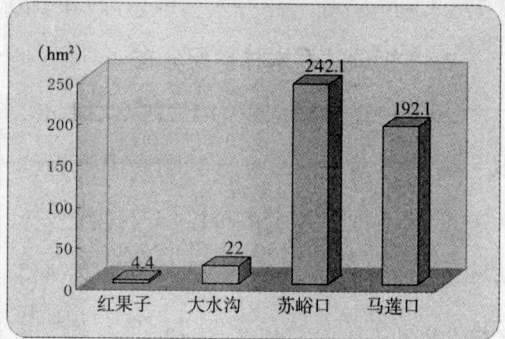

图 6-5 人工林面积按保护站分布

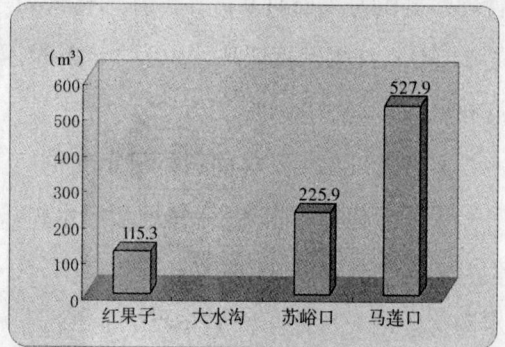

图 6-6 人工林蓄积按保护站分布

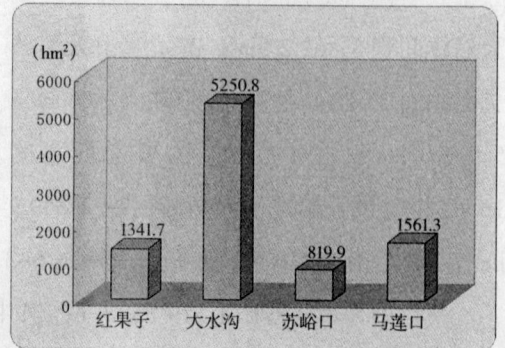

图 6-7 灌木林面积按保护站分布

红果子管理站灌木林面积 1 341.7 hm²,占贺兰山灌木林总面积的 14.9%（图 6-7）。

第二节　大水沟管理站森林资源现状

贺兰山大水沟管理站在贺兰山北段,其总面积 99 242.3 hm²,占贺兰山总面积的 51.3%。其中:林地面积 98 616.3 hm²,占大水沟管理站总土地面积的 99.4%。大水沟管理站森林面积 12 783.4 hm²,森林覆盖率 12.88%,活立木总蓄积 454 858.2 m³,乔木林地面积 7 532.6 hm²,蓄积 435 904.7 m³。其中,针叶林面积 3 423.7 hm²,蓄积 354 943.3 m³;阔叶林面积 3 040.0 hm²,蓄积 14 348.7 hm³;混交林面积 1 068.9 hm²,蓄积 66 612.7m³。

1. 林地面积

在大水沟管理站的林地中,乔木林地面积 7 532.6 hm², 疏林地面积 4 881.3 hm²;灌木林地面积 5 250.8 hm²;宜林地面积 81 576.8 hm², 林业生产辅助用地 0.8 hm²（图 6-8）。

在乔木林地面积中,针叶林面积 3 432.7 hm²,占有林地面积的 45.6%;阔叶林面积 3 040.0 hm²,占有林地面积的 40.4%;针阔混交林面积 1 068.9 hm²,占有林地面积的 14.0%。

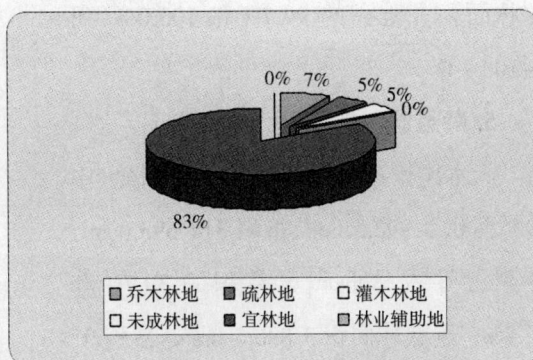

图 6-8 林地各地类面积比例

宜林地中,宜林荒山荒地面积 81 571.0 hm²,占宜林地面积的 99.99%;其他宜林地面积 5.8 hm²,占宜林地面积的 0.01%。

2. 各类林木蓄积

大水沟管理站活立木总蓄积为 454 858.2 m³。其中,森林蓄积 435 904.7 m³,占活立木总蓄积量的 95.8%;疏林蓄积 18 953.5 m³,占 4.2%。

3. 乔木林面积和蓄积

在大水沟管理站乔木林中,针叶林面积、蓄积分别为 3 423.7 hm² 和 354 943.3 m³, 分别占管理站乔木林面积蓄积的

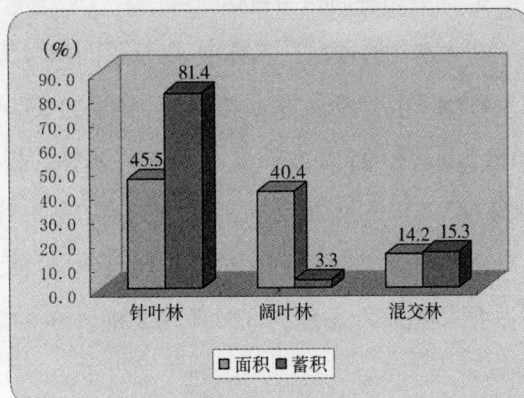

图 6-9 乔木林各地类面积蓄积构成比例

45.5%和81.4%;阔叶林面积蓄积分别为3 040.0 hm²和14 348.7 m³,分别占管理站乔木林面积、蓄积的40.4%和3.3%;混交林面积、蓄积分别为1 068.9 hm²和66 612.7 m³,分别占管理站乔木林地面积蓄积的14.1%和15.3%(图6-9)。

4. 林种面积和蓄积

在大水沟管理站乔林木林中,全部为特种用途林,其中:环境保护林面积和蓄积分别是22.0 hm²、0.0 m³,分别占乔木林面积、蓄积的0.3%和0.0%;特用林面积7 510.6 hm²,蓄积435 904.7 m³,分别占乔木林面积、蓄积的99.7%和100.0%(图6-10)。

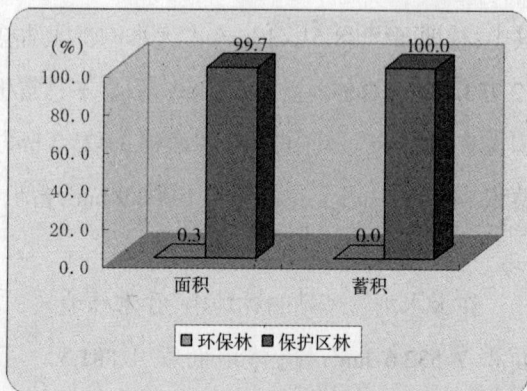

图6-10 乔木林各林种面积蓄积构成比例

5. 龄组面积与蓄积

大水沟管理站乔木林按龄组划分,中龄林面积2 992.3 hm²,蓄积314 695.0 m³,分别占乔木林面积、蓄积的39.7%和72.2%;近熟林面积3 896.3 hm²,蓄积95 536.9 hm²,分别占乔木林面积、蓄积的51.7%和21.9%;成熟林面积644.0 hm²,蓄积25 672.8 m³,分别占乔木林面积、蓄积的8.6%和5.9%(图6-11)。

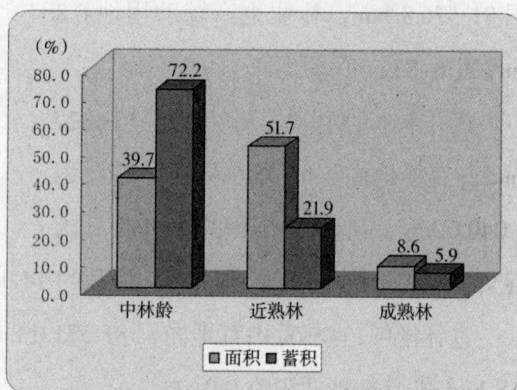

图6-11 乔木林各龄组面积蓄积构成比例

6. 优势树种面积与蓄积

在大水沟管理站乔木林中,以云杉面积与蓄积最大,其面积、蓄积分别为2 940.1 hm²和313 457.4 m³,分别占乔木林面积、蓄积的39.0%和71.9%,其次为油松面积、蓄积分别为1 151.7 hm²和95 462.0 m³,分别占乔木林面积、蓄积的15.3%和21.9%;山杨面积、蓄积分别为662.2 hm²和26 290.7 m³,分别占乔木林面积、蓄积的8.8%和6.0%;灰榆面积为2 742.9 hm²,占乔木林面积的36.4%;其他树种面积、蓄积分别为35.7 hm²和694.5 m³,分别占乔木林面积、蓄积的0.5%和0.2%(表6-2)。

表6-2 乔木林各优势树种面积与蓄积构成

优势树种	面积(hm²)	比例(%)	蓄积(m³)	比例(%)
小计	7532.6	100.0	435904.7	100.0
云杉	2940.1	39.0	313457.4	71.9
油松	1151.7	15.3	95462.0	21.9
灰榆	2742.9	36.4	0.0	0.0
山杨	662.2	8.8	26290.7	6.0
其他	35.7	0.5	694.6	0.2

第三节　苏峪口管理站森林资源现状

贺兰山苏峪口管理站在贺兰山核心区，其总面积33 708.2 hm²，占贺兰山总面积的15.2%。其中，林地面积33 581.6 hm²，占苏峪口管理站总土地面积的99.6%。苏峪口管理站森林面积7 798.6 hm²，森林覆盖率23.1%，活立木总蓄积583 851.2 m³，乔木林地面积6 978.7 hm²，蓄积564 791.3m³。其中：针叶林面积4 292.6 hm²，蓄积405 841.0 m³；阔叶林面积7 14.6 hm²，蓄积11 179.1 m³；混交林面积1 971.5 hm²，蓄积147 771.2 m³。

1. 林地面积

在苏峪口管理站的林地中，乔木林地面积6 978.7 hm²，疏林地面积1 118.9 hm²；灌木林地面积819.9 hm²；未成林在林地面积186.8 hm²；宜林地面积24 477.3 hm²（见图6-12）。

在乔木林地面积中，针叶林面积4 292.6 hm²，占有林地面积的61.5%；阔叶林面积714.6 hm²，占有林地面积的

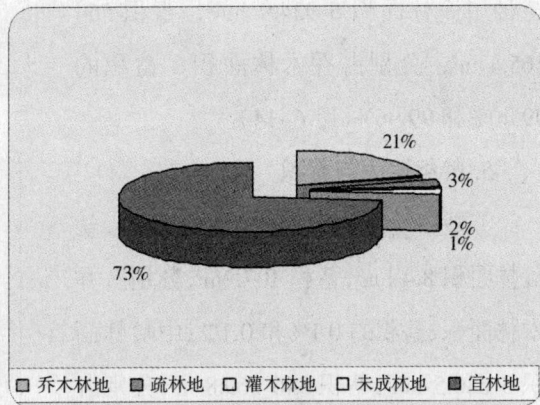

图6-12 林地各地类面积构成比例

10.2%；针阔混交林面积1971.5 hm²，占有林地面积的28.3%。

宜林地中，宜林荒山荒地面积24 357.9 hm²，占宜林地面积的99.5%；其他宜林地面积119.4 hm²，占宜林地面积的0.5%。

2. 各类林木蓄积

苏峪口管理站活立木总蓄积为583 851.2 m³。其中，森林蓄积564 791.3 m³，占活立木总

蓄积量的 96.7%;疏林蓄积 19 059.9 m³,占 3.3%。

3. 乔木林面积和蓄积

在苏峪口管理站乔木林中,针叶林面积、蓄积分别为 4 292.6 hm² 和 405 841.0 m³,分别占管理站乔木林面积蓄积的 61.5%%和 71.8%;阔叶林面积蓄积分别为 714.6 hm² 和 11 179.1 m³,分别占管理站乔木林面积、蓄积的 10.2%和 2.0%;混交林面积、蓄积分别为 1 971.5 hm² 和 147 771.2 m³,分别占管理站乔木林地面积蓄积的 28.3%和 26.2%(图 6-13)。

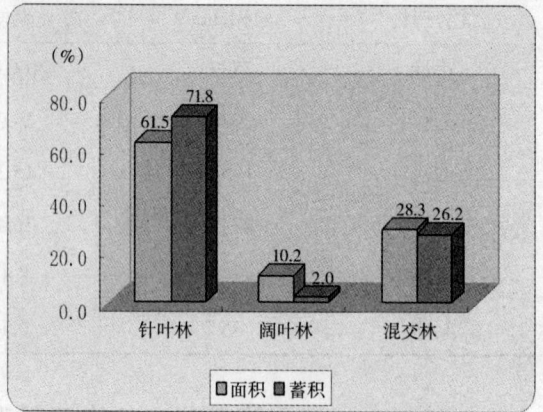

图 6-13 乔木林各地类面积蓄积构成比例

4. 林种面积和蓄积

在苏峪口管理站乔林木林中,防护林面积和蓄积分别是 43.8 hm²,225.9 m³,分别占乔木林面积、蓄积的 0.60%和 0.04%;特种用途林面积 6 934.9 hm²,蓄积 564 565.4 m³,分别占乔木林面积、蓄积的 99.40%和 99.96%(图 6-14)。

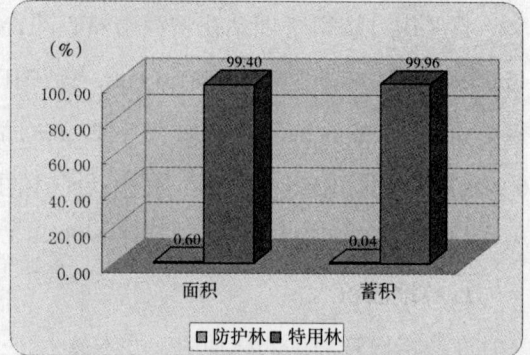

图 6-14 乔木林各林种面积蓄积构成比例

5. 龄组面积与蓄积

苏峪口管理站乔木林按龄组划分,幼龄林面积 8.4 hm²,蓄积 107.2m³,分别占乔木林面积、蓄积的 0.1%和 0.1%;中龄林面积 3 680.5 hm²,蓄积 346 169.8 m³,分别占乔木林面积、蓄积的 52.7%和 61.3%;近熟林面积 2 549.6 hm²,蓄积 193 458.4 m³,分别占乔木林面积、蓄积的 36.5%和 34.3%;

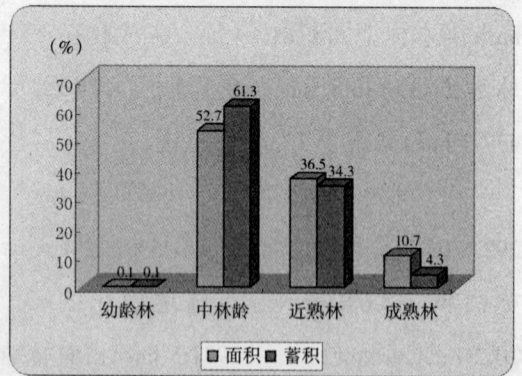

图 6-14 乔木林各龄组面积蓄积构成比例

成熟林面积 722.9 hm²,蓄积 24 663.0 m³,分别占乔木林面积、蓄积的 10.7%和 4.3%(图6-15)。

6. 优势树种面积与蓄积

在大水沟管理站乔木林中,以云杉面积与蓄积最大,其面积、蓄积分别为 3 734.3 hm²和

352 845.3 m³,分别占乔木林面积、蓄积的 53.5%和 62.5%,其次为油松面积、蓄积分别为
2 063.2 hm²和 185 902.0 m³,分别占乔木林面积、蓄积的 29.6%和 32.9%;山杨面积、蓄积分
别为 757.7 hm²和 25 818.1m³,分别占乔木林面积、蓄积的 10.9%和 4.6%;灰榆面积为
376.4 hm²,占乔木林面积的 5.4%;其他树种面积、蓄积分别为 47.1 hm²和 225.9 m³,分别占
乔木林面积、蓄积的 0.7%和 0.04%(表 6-3)。

表 6-3 乔木林各优势树种面积与蓄积构成

优势树种	面积(hm²)	比例(%)	蓄积(m³)	比例(%)
小计	6978.7	100.0	564791.3	100.0
云杉	3734.3	53.5	352845.3	62.5
油松	2063.2	29.6	185902.0	32.9
灰榆	376.4	5.4	0.0	0.0
山杨	757.7	10.9	25818.1	4.6
其他	47.1	0.7	225.9	0.04

第四节 马莲口管理站森林资源现状

贺兰山马莲口管理站在贺兰山最南端,其总面积 33 588.7 hm²,占贺兰山总面积的
17.4%。其中:林地面积 33 476.4 hm²,占马莲口管理站总土地面积的 99.7%。马莲口管理
站森林面积 5 334.6 hm²,森林覆盖率 15.88%,活立木总蓄积 281 700.7 m³,乔木林地面积
3 773.3 hm²,蓄积 276 541.9 m³。其中,针叶林面积 1 633.9 hm²,蓄积 173 062.1 m³;阔叶林面
积 713.8 hm²,蓄积 11 097.4 m³;混交林面积 1 425.6 hm²,蓄积 92 382.4 m³。

1. 林地面积

在马莲口管理站的林地中,乔木林地面积 3 773.3 hm²,疏林地面积 667.2 hm²;灌木林地面积 1 561.3 hm²;未成林造林地面积 156.3 hm²;宜林地面积 27 584.9 hm²,林业生产辅助用地 2.0 hm²(图 6-16)。

在乔木林地面积中,针叶林面积1 633.9 hm²,占有林地面积的 43.3%;阔叶林面积

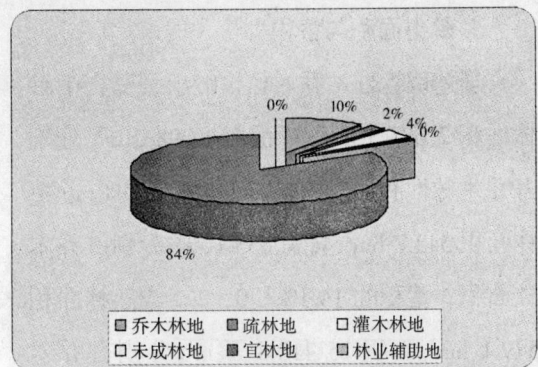

图 6-16 林地各地类面积构成比例

95

713.8 hm²,占有林地面积的 18.9%；针阔混交林面积 1 425.6 hm²,占有林地面积的 37.8%。

2. 各类林木蓄积

马莲口管理站活立木总蓄积为 281 700.7 m³。其中,森林蓄积 276 541.9m³,占活立木总蓄积量的 98.2%；疏林蓄积5 158.8m³,占 1.8%。

3. 乔木林面积和蓄积

在马莲口管理站乔木林中，针叶林面积、蓄积分别为 1 633.9 hm² 和 173 062.1 m³,分别占管理站乔木林面积蓄积的 43.3% 和 62.6%；阔叶林面积蓄积分别为 713.8 hm² 和 11 097.4 m³,分别占管理站乔木林面积、蓄积的 18.9% 和 4.0%；混交林面积、蓄积分别为 1 425.6 hm² 和 92 382.4 m³,分别占管理站乔木林地面积蓄积的 37.8% 和 33.4%（图 6-17）。

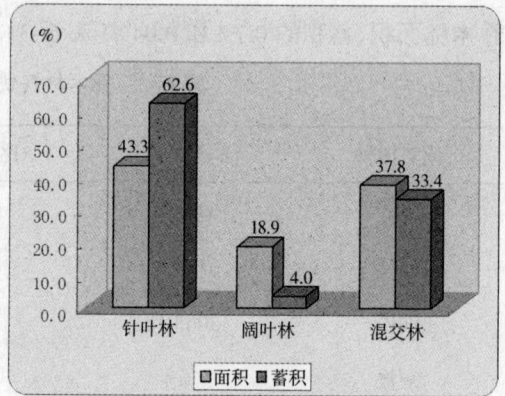

图 6-17 乔木林各地类面积蓄积构成比例

4. 林种面积和蓄积

在马莲口管理站乔林木林中，防护林面积和蓄积分别是 59.6 hm²,1 300.6 m³, 分别占乔木林面积、蓄积的 1.6% 和 0.5%；特种用途林面积 3 713.7 hm², 蓄积 275 241.3m³,分别占乔木林面积、蓄积的 98.4% 和 99.5%（图 6-18）。

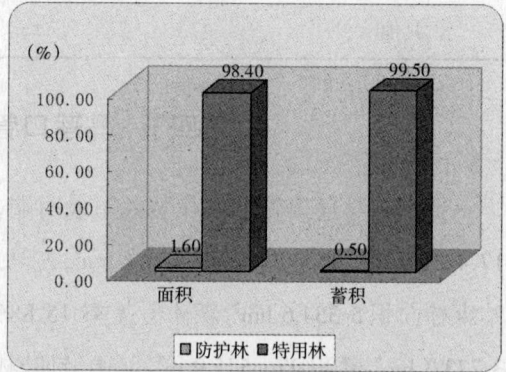

图 6-18 乔木林各林种面积蓄积构成比例

5. 龄组面积与蓄积

马莲口管理站乔木林按龄组划分，中龄林面积 2 681.5 hm²,蓄积 250 298.0 m³,分别占乔木林面积、蓄积的 71.1% 和 90.5%；近熟林面积 542.7 hm²,蓄积 833.1 m³,分别占乔木林面积、蓄积的 14.4% 和0.3%；成熟林面积 549.1 hm²,蓄积 25 410.8 万 m³,分别占乔木林面积、蓄积的 14.5% 和9.2%（图 6-19）。

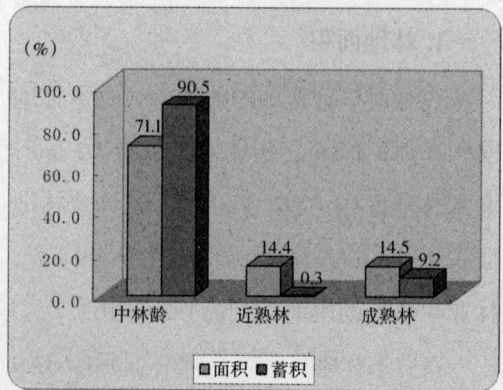

图 6-19 乔木林各龄组面积蓄积构成比例

6. 优势树种面积与蓄积

在马莲口管理站乔木林中,以云杉面积与蓄积最大,其面积、蓄积分别为 2 614.4 hm² 和 249 026.2 m³,分别占乔木林面积、蓄积的 69.3% 和 90.1%,油松面积、蓄积分别为 4.6 hm² 和 427.4 m³, 分别占乔木林面积、蓄积的 0.1% 和 0.2%;山杨面积、蓄积分别为 549.1 hm² 和 25 410.8 m³,分别占乔木林面积、蓄积的 14.6% 和 9.2%;刺槐面积、蓄积分别为 14.2 hm² 和 347.6 m³,分别占乔木林面积、蓄积的 0.4% 和 0.1%;灰榆面积为 518.1 hm²,占乔木林面积的 13.7%;其他树种面积、蓄积分别为 72.9 hm² 和 1 329.9m³,分别占乔木林面积、蓄积的 1.9% 和 0.5%(表 6-4)。

表 6-4 乔木林各优势树种面积与蓄积构成

优势树种	面积(hm²)	比例(%)	蓄积(m³)	比例(%)
小计	3773.3	100.0	276541.9	100.0
云杉	2614.4	69.3	249026.2	90.1
油松	4.6	0.1	427.4	0.2
灰榆	518.1	13.7	0.0	0.0
山杨	549.1	14.6	25410.8	9.2
刺槐	14.2	0.4	347.6	0.1
其他	72.9	1.9	1329.9	0.5

第五节 红果子管理站森林资源现状

贺兰山红果子管理站在贺兰山最北端,其总面积 26 996.48 hm²,占贺兰山总面积的 13.9%。其中,林地面积 25 452.7 hm²,占红果子管理站总土地面积的 94.3%。红果子管理站森林面积 1 692.4 hm²,森林覆盖率 6.27%,活立木总蓄积 311.6 m³,森林面积和林木蓄积量均是贺兰山分布最少的区域。乔木林地面积 350.7 hm²,蓄积 304.2 m³。其中,阔叶林面积 255.7 hm²,蓄积 304.2 m³;混交林面积 95 hm²。

1. 林地面积

在红果子管理站的林地中,乔木林地面积 350.7 hm²,疏林地面积 1 161.9 hm²;灌木林地面积 1 341.7 hm²;宜林地

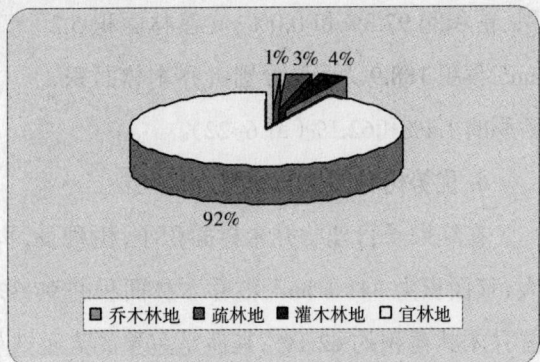

图 6-20 各类林地面积构成比例

面积24 142.18 hm²(图6-20)。

在乔木林地面积中,阔叶林面积255.7 hm²,占有林地面积的72.9%;针阔混交林面积95 hm²,占有林地面积的27.1%。

2. 各类林木蓄积

红果子管理站活立木总蓄积为311.6 m³。其中,森林蓄积304.2 m³,占活立木总蓄积量的97.6%;疏林蓄积7.4 m³,占2.4%。

3. 乔木林面积和蓄积

在红果子管理站乔木林中,阔叶林面积蓄积分别为255.7 hm²和304.2 m³,分别占管理站乔木林面积、蓄积的72.9%和100.0%;混交林面积、蓄积分别为95.0 hm²,分别占管理站乔木林地面积蓄积的27.1%(图6-21)。

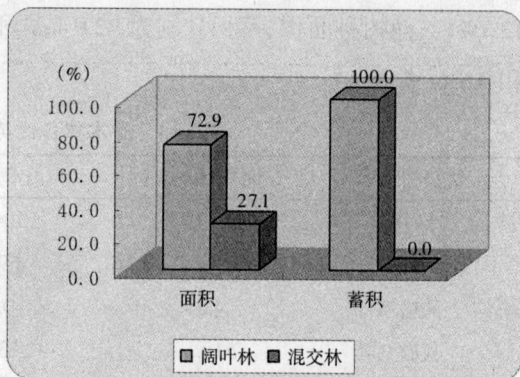

图6-21 乔木林各地类面积蓄积构成比例

4. 林种面积和蓄积

在红果子管理站乔林木林中,全部为特种用途林的自然保护区林。

5. 龄组面积与蓄积

红果子管理站乔木林按龄组划分,中龄林面积4.4 hm²,蓄积115.3 m³,分别占乔木林面积、蓄积的1.3%和37.9%;近熟林面积341.3 hm²,蓄积0.0 m³,分别占乔木林面积、蓄积的97.3%和0.0%;成熟林面积5.2 hm²,蓄积188.9万 m³,分别占乔木林面积、蓄积的1.4%和62.1%(图6-22)。

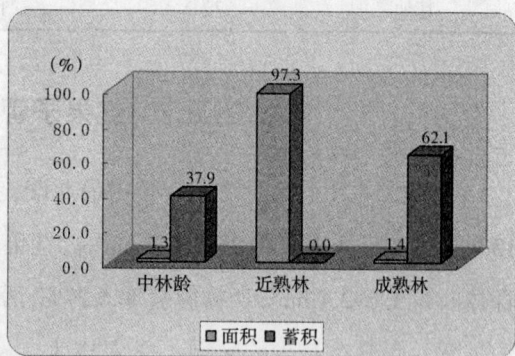

图6-22 乔木林各龄组面积蓄积构成比例

6. 优势树种面积与蓄积

在红果子管理站乔木林面积小,树种少,构成简单。在乔木林中,树种以灰榆面积最大,其面积为341.1 hm²,占乔木林面积的97.3%;蓄积最大的是山杨,其蓄积为188.9 m³,占乔木林蓄积的62.1%;其他是零星的人工造林,主要是新疆杨和刺槐,面积和蓄积均很少。(表6-5)

表 6–5　乔木林各优势树种面积与蓄积构成

优势树种	面积(hm²)	比例(%)	蓄积(m³)	比例(%)
小计	350.7	100.0	304.2	100.0
灰榆	341.1	97.3	0.0	0.0
山杨	5.2	1.5	188.9	62.1
刺槐	3.8	1.1	58.1	19.1
新疆杨	0.6	0.2	57.2	18.8

第七章 主要树种资源及生物学特性

第一节 山地主要树种生物学特性

一、主要乔木树种的生物学特性

1. 青海云杉(*Picea crassifolia*)

松科云杉属。常绿针叶乔木,高达 35 m。树皮灰褐色,成块状脱落。小枝具明显隆起的叶枕,多少被短毛或几无毛;一年生枝淡绿黄色,2~3 年生枝常呈粉红色。叶在枝上螺旋状着生,枝下面和两侧的叶子向上伸展,多少弯曲或直,四棱状条形,长 1.2~2.2 cm,宽 2.0~2.5 mm,先端钝,四面有粉白色气孔线。球果圆柱形或矩圆状圆柱形,长 7~11 cm,单生枝端,幼时紫红色,成熟前种鳞背部绿色,上部边缘仍为紫红色,成熟后褐色;种鳞倒卵形,先端圆;苞鳞短小;种子斜倒卵圆形,长约 3.5 mm;种翅倒卵状,膜质,淡褐色。花期 5 月,球果 9~10 月成熟。

产宁夏贺兰山和罗山,生于海拔 2 400~3 000 m 的阴坡及半阴坡。分布于我国内蒙古、甘肃及青海等省(自治区)。

2. 油松(*Prinus tabulaeformis*)

松科松属。针叶常绿乔木,高 30 m。树皮灰褐色,裂成较厚的不规则鳞片状。一年生枝淡红褐色或淡灰黄色,无毛,幼时微被白粉。针叶 2 针一束,长 10~15 cm,边缘有细锯齿,两面具气孔线,横切面半圆形,树脂道 5~10 个,边生,稀角部 l~2 个中生;叶鞘宿存。雄球花圆柱形,在新枝下部聚生成穗状。球果卵形或卵圆形,长 4~9 cm,幼时绿色,成熟时淡黄褐色,常宿存树上经数年不落;种鳞近矩圆状倒卵形,鳞盾肥厚,隆起,扁菱形或菱状多边形,横脊显著,鳞脐具刺。种子卵圆形或长卵圆形,长 6~8 mm,具披针形翅。花期 5 月,球果第二年 l0 月成熟。

产宁夏贺兰山、罗山和固原须弥山,生于海拔 1 900~2 400 m 的山地阴坡和半阴坡。分布于我国东北、华北、西北及四川、河南、山东等省。

木材可供建筑、矿柱、电杆、家具等用。树干可割取树脂,提取松节油;种子可食用;松树节、松针、松油入药,能祛风散寒,花粉能止血燥湿,球果可平喘止咳。

3. 灰榆(*Ulmus glaucescens*)

榆科榆属。小乔木或灌木状,高可达 5 m。小枝淡灰褐色,被毛,老枝灰白色,无毛。叶卵形、卵状椭圆形至狭卵形,长 2~4 cm,宽 1.3~2.5 cm,先端渐尖或具长尾尖,基部偏斜,近心形或圆形,边缘具单锯齿,幼时上面被短伏毛,老时两面无毛;叶柄长 2.8 mm,被短毛。翅果较大,长 2.0~2.5 cm,宽 1.5~2.0 cm,倒卵形或近圆形,先端微凹,基部圆形或稍下延,无毛,种子位于翅果中央;果柄长 3~5 mm,被短毛。花期 5 月,果期 6 月。

产宁夏贺兰山、罗山及西华山,生于海拔 1 500~2 400 m 的向阳干旱山坡、沟底或石崖上。

分布于我国华北及河南、山东、陕西、甘肃等省。

果实嫩时可食,种子可榨油,木材坚硬,可制农具等。

4. 山杨(*Populus davidiana*)

杨柳科杨属。落叶乔木,高达 20 m;树皮灰绿色或灰白色,老干基部暗灰色,具沟裂;幼枝圆柱形,黄褐色,微被毛或无毛;芽卵圆形,光滑,微具黏质。叶卵圆形、宽卵圆形、菱状圆形至近圆形,长 2.0~5.5 cm,宽与长几相等。先端短锐尖,基部圆形或近楔形,缘具波状浅钝齿或内弯的锯齿,表面绿色,背面淡绿色,无毛或微被缘毛;叶柄细长,2~4 cm,侧扁。雄花序长 5~9 cm,花序轴疏被柔毛,苞片深裂,褐色,被长柔毛,花盘斜杯状,雄蕊 5~12 个,花药暗红紫色;雌花序长 3~8 cm,子房圆锥形,花柱 2,每个再 2 裂,红色。果序长可达 12 cm,蒴果卵状圆锥形,绿色,无毛,2 瓣裂。花期 4~5 月,果期 5~6 月。

产宁夏贺兰山、罗山、六盘山,多生于海拔 1 800~2 000 m 的山地阳坡及山谷中,多与油松、白桦等树种混交。分布于我国东北、华北、西北及西南各省。

木材轻软且有弹性,可为建筑、家具、火柴杆、造纸等材料;树皮含鞣质,可提取烤胶;根皮、枝及叶可入药,为清热止咳、驱虫、止带浊药。

5. 杜松(*Juniperus rigida*)

柏科刺柏属。常绿灌木或乔木,高达 10 m。枝直展,褐灰色,纵裂;小枝下垂,幼枝三棱形。叶为刺叶,3 叶轮生,条形,先端锐尖,基部有关节,不下延生长,长 1.2~1.7 cm,宽约 1 mm,质厚,坚硬,表面凹下成深槽,槽内有 1 条窄白粉带,背面具明显的纵脊。雄球花椭圆形或近球形,长 2~3 mm。球果圆球形,径 6~8 mm,成熟前紫褐色,成熟时淡褐色或蓝黑色,常被白粉。种子近卵形,长约 6 mm,顶端尖,有 4 条不明显的棱脊。

产宁夏贺兰山和罗山,生于海拔 2 000~2 200 m 的干旱山坡。分布于我国东北、华北及陕西、甘肃等省。

木材坚硬,耐腐力强,可作工艺晶、雕刻、家具、农具等;亦可作庭园树种;果实可药用,能利尿、发汗、祛风等。

6. 白桦(*Betula platyphylla*)

桦木科桦木属。落叶乔木,高达 25 m;树皮白色,成厚革质层状剥落;小枝红褐色,具圆形皮孔,无毛,有时具腺点。冬芽圆锥形,先端尖,常具树脂。叶三角状卵形或菱状宽卵形,长 3.5~6.5 cm,宽 3~6 cm,先端渐尖,基部宽楔形或截形,边缘具不规则的重锯齿,表面深绿色,无毛,脉间有腺点,背面淡绿色,无毛或仅在基部脉腋微有毛,具腺点,脉上较密,侧脉 5~8 对;叶柄长 1.0~2.5 cm,平滑或具腺点。果序圆柱形,单生叶腋,下垂,长 3.0~4.5 cm;果苞中裂片短,先端尖,侧裂片横出,钝圆,稍下垂。小坚果倒卵状长圆形,果翅较小坚果为宽。花期 5~6 月,果期 8 月。

产宁夏贺兰山、罗山、南华山及六盘山,常生于山沟及山坡上,与其他树种混生。分布于我国东北、华北及陕西、河南、甘肃、云南等省。

树皮可提取纯焦油,用以治疗外伤及各种斑疹,配合药膏可治皮肤病;木材质地细致,白色,可供建筑、枕木、矿柱、胶合板、火柴杆及薪炭材等用;叶可作黄色染料。

二、主要灌木树种的生物学特性

1. 蒙古扁桃(*Prunoideae mongolica* Maxim.)

蔷薇科桃属。灌木,高 1.0~1.5 m。多分枝,树皮灰褐色,小枝暗红紫色,顶端成刺。叶近圆形、宽倒卵形、宽卵形或椭圆形,长 5~15 mm,宽 4~13 mm,先端圆钝或急尖,基部宽楔形至圆形,边缘具细圆钝锯齿,两面无毛;托叶线形,长约 1.5 mm,红色,早落;叶柄长 2~5 mm,无毛和腺体。花单生于短枝上,几无梗;花萼宽钟形,长约 6 mm,宽约 4 mm,无毛,萼裂片椭圆形,先端急尖或钝,与萼筒近等长,无毛;花瓣淡红色,倒卵形或椭圆形,长约 7 mm,宽约 4 mm,先端圆,基部具短爪;雄蕊多数,长 3~5 mm;子房密被短柔毛,花柱细长,长为雄蕊的 2 倍,下部被柔毛。果实扁卵形,长 12~15 mm,宽约 10 mm,先端尖,密被粗柔毛。花期 5 月,果期 6~7 月。

产宁夏贺兰山、南华山、西华山,生于干旱石质山坡、干河床。分布于我国甘肃、内蒙古等省(自治区)。

2. 内蒙野丁香(*Leptodermis ordosica*)

茜草科野丁香属。旱生小灌木。小灌木,高 20~40 cm。多分枝,开展,老枝暗灰色,具细裂纹,小枝较细,灰色或灰黄色,密被乳头状微毛。叶对生或假轮生,椭圆形、宽椭圆形以至狭长椭圆形,长 3~10 mm,宽 2~5 mm,先端锐尖或稍钝,基部渐狭或宽楔形,全缘,常反卷,上面绿色,下面淡绿色,中脉隆起,侧脉极不明显,近无毛;叶柄短,长约 1 mm,密被乳头状微毛;托叶三角状卵形或卵状披针形,先端渐尖,边缘有或无小齿,具缘毛,较叶柄稍长。花近无梗,1 至 3 朵簇生于叶腋或枝顶;小苞片 2 枚,长 3~4 mm,通常在中部合生,多少呈二唇形,膜质,透明,具脉,先端尾状渐尖,边缘疏生睫毛,外面散生白色短条纹;花萼长约 2 mm,萼筒倒卵形,裂片 4~5,比萼筒稍短,矩圆状披针形,先端锐尖,有睫毛;花冠长漏斗状,紫红色,长约 14 mm,外面密被乳头状微毛,里面被疏柔毛,裂片 4~5,卵状披针形,长约 3 mm;雄蕊 4~5;柱头 3,条形。蒴果椭圆形,长约 2~3.5 mm,黑褐色,有宿存,具睫毛的萼裂片,外托以宿存的小苞片;种子矩圆状倒卵形,长约 1 mm,黑色,外包以网状的果皮内壁。花果期 7~8 月。

产内蒙古和宁夏的贺兰山一带。

3. 虎榛子(*Ostryopsis davidiana*)

桦木科虎榛子属。灌木,高达 2 m。幼枝灰绿褐色,密生绒毛,老枝灰褐色,无毛。叶卵形至宽卵形,长 2~4 cm,宽 1.5~3.0 cm,先端渐尖,基部心形或圆形,边缘具不规则的重锯齿,表面绿色,无毛,背面淡绿色,脉上及脉腋密生黄棕色的绒毛,侧脉 7~10 对;叶柄长约 5 mm,密生绒毛。雄花序单生于前一年生枝条的叶腋,或数个簇生于枝顶;雌花序生当年生枝顶端,6~14 个簇生;总苞管状,长 1.0~1.5 cm,外面密被黄褐色绒毛,成熟时沿一边开裂,先端常 3 裂。小坚果卵形,略扁,深褐色。花期 5 月,果期 7~8 月。

产宁夏贺兰山、罗山、黄卯山、南华山、香山及六盘山,多生于林缘或向阳山坡灌丛中。分布于我国华北及辽宁、河南、安徽、江苏、陕西、甘肃、四川、云南等省。

种子含油 10%左右,可榨油供食用或工业用;树皮和叶可提制栲胶。性耐干旱,常成群分布,也是一种很好的水土保持树种。

4. 叉子圆柏(爬柏)(*Sabina vulgaris*)

柏科圆柏属。匍匐灌木,高不及 1 m。枝皮灰褐色,呈薄片状剥落。枝稠密,一年生小枝的分枝均为圆柱形,径约 1 mm。叶二型,刺叶常生于幼树上,稀在壮龄树上与鳞叶并存,常交互对生,或兼有 3 叶交互轮生,排列紧密,长 3~7 mm,先端刺尖,腹面凹,背面圆,中部有长椭圆形或条形腺体;鳞叶交互对生,排列紧密或稍疏,斜方形或菱状卵形,长 1.0~2.5 mm,先端微钝或急尖,背面中部有明显的椭圆形或卵形腺体。球花单性,雌雄异株,稀同株;雄球花椭圆形或矩圆形,长 2~3 mm,雄蕊 5~7 对,各具 2~4 个花药。球果多为倒三角状球形,长 5.8 mm,径约 9 mm,生于向下弯曲的小枝顶端,成熟前蓝绿色,成熟时褐色至黑色。种子卵圆形,稍扁,具纵脊与树脂槽。

产宁夏贺兰山、罗山、香山,多生于山坡、林下或砂石地。分布于我国西北及内蒙古等省(自治区)。

耐旱性强,可作水土保持树种及固沙造林树种。

5. 羽叶丁香(*Syringa pinnatifolia* Hemsl var. *alashanensis*)

木樨科丁香属。落叶灌木或小乔木,高可达 3 m。树皮薄纸质片状剥裂,内皮紫褐色。老枝黑褐色。奇数羽状复叶,对生,长 3~6.5 cm,宽 1.5~3 cm,小叶 5~7,矩圆形或矩圆状卵形,稀倒卵形或狭卵形,长 0.8~2 cm,宽 0.5~1 cm,先端通常钝圆,或有 1 小刺头,稀渐尖,基部多偏斜,一侧下延,全缘,两面光滑无毛;近无柄。圆锥花序侧生,出自去年枝的叶腋,长 2~4 cm,光滑无毛。花萼钟状,4 齿裂,长约 2 mm;花冠高脚蝶状,花冠筒长约 1 cm 径约 1.5 mm,先端裂片 4,开展,矩圆形或卵状矩圆形,长约 4 mm,宽 2.5~3 mm;雄蕊 2,着生于花冠筒的中上部,花丝短,花药长约 2 mm,不伸出花冠筒外;花柱 2 裂,高不超过雄蕊。蒴果披针状矩圆形,先端尖,长 1~1.5 cm。花期 5~6 月,果期 6~9 月。

6. 华北紫丁香(*Syringa oblata*)

木樨科丁香属。灌木,高可达 4 m,枝条粗壮无毛。叶广卵形,通常宽度大于长度,宽 5~10 cm,端尖锐,基心形或楔形,全缘,两面无毛。圆锥花序长 6~15 cm;花萼钟状,有 4 齿;花冠堇紫色,端 4 裂开展;花药生于花冠中部或中上部。硕果长圆形,顶端尖,平滑。花期 4 月。

7. 小叶金露梅(*Potentilla parvifolia*)

蔷薇科委陵菜属。小灌木,高 50~80 cm,多分枝。小枝黑褐色。奇数羽状复叶,连柄长 1.5~2.0 cm,叶柄基部具关节,疏被毛;小叶无柄,先端 3 小叶基部下延,下面两对小叶密集呈轮生状,小叶倒披针形、倒卵状披针形至长椭圆形,长 0.5~1.0 cm,宽 1~4 mm,先端尖,基部楔形,全缘,反卷,上面疏生长柔毛,背面沿脉疏生柔毛,托叶膜质,浅棕色。花单生或成伞房花序;花黄色,径约 1.3 cm;副萼片线状披针形,长约 3 mm,先端尖,萼片卵形,黄绿色,长 4~5 mm,先端锐尖,背面疏被毛;花瓣宽倒卵形,长约 6 mm;子房密被长柔毛,花柱侧生,长约 2 mm,无毛。花期 6~7 月,果期 8~10 月。

产宁夏贺兰山及南华山,生于干旱山坡。分布于我国东北、华北及西北各省(自治区)。

8. 鬼箭锦鸡儿(*Caragana jubata*)

豆科锦鸡儿属。灌木,直立或伏卧地面成垫状,高 50~100 cm,多分枝。树皮灰黑色。叶密生,叶轴宿存并硬化成针刺,长 5~7 cm,灰白色;托叶锥形,先端成刺状,被白色长柔毛;小叶4~6 对,无柄,羽状着生,长椭圆形或倒卵状长椭圆形,长 6~12 mm,宽 2~5 mm,先端急尖或圆,具小刺尖,基部圆形,上面近无毛,边缘密被白色长柔毛,背面疏被柔毛。花单生,近无梗;花萼筒状,长 1.5~1.7 cm,径 0.8~1.0 cm,萼齿卵形,先端尖,边缘狭膜质,长约 6 mm,被柔毛;花冠淡红色或白色,旗瓣宽卵形,长 3.0~3.2 cm,宽 1.8~2.0 cm,先端圆或微凹,基部具爪,翼瓣长椭圆形,先端圆,长约 3 cm,爪几与瓣片等长或稍短,耳长、线形,稍短于爪,龙骨瓣与翼瓣近等长,爪与瓣片等长,耳三角形;子房椭圆形,长 1.0~1.2 cm,密生白色长毛,花柱线形,长约2.5 cm,被柔毛。荚果长椭圆形,长约 3 cm,密生长柔毛。花期5~6 月,果期6~7 月。

产宁夏贺兰山和六盘山,多生于山坡灌丛或高山林缘。分布于我国华北、西北及四川等省。

9. 华西银露梅(变种)(*Potentilla glabra var. mandshurica*)

蔷薇科委陵菜属。小灌本,高 80~100 cm,分枝多。小枝棕褐色,纵向条状剥落;幼枝棕色,被柔毛。奇数羽状复叶,连时柄长 2~3 cm,具 5 片小叶,小叶椭圆形或倒卵状长圆形,长 5~12 mm,宽 3~7 mm,先端圆钝,具小突尖,基部近圆形,先端 3 片小叶墓部下延,全缘,不反卷或反卷,表面绿色,小叶片上面疏被绢状柔毛,下面密生绢状毛或绒毛;托叶膜质,淡黄棕色,卵状披针形,长约 5 mm,宽约 2.2 mm,先端渐尖,基部与叶柄合生,抱茎,疏被长柔毛。花单生叶腋或成伞房花序;花白色,径约 2 cm;花梗长 1.0~1.5 cm,疏被柔毛;羽萼片倒卵状披针形,长约 4 mm,两面疏被长柔毛;萼片长卵形或三角状长卵形,长 4.5~5.0 mm,先端渐尖,背面疏被长柔毛,黄绿色;花瓣宽倒卵形或近圆形,长约 7 mm,宽约 6 mm,先端圆,基部具短爪;雄蕊 20~22 个,长约 2 mm;花柱侧生,柱头头状,无毛,子房密被长柔毛。花期5~7 月,果期7~9 月。

产宁夏贺兰山、六盘山、罗山及南华山,多生于山地灌丛、路边。分布于我国华北及陕西、甘肃、湖北、四川等省。

10. 蒙古绣线菊(*Spiraeoideae mongolica Maxim.*)

灌木,高 2.5 m。小枝细,有棱角,红褐色或黄褐色,无毛,老枝晴褐色;冬芽长卵形,先端长渐尖,较叶柄稍长,无毛,具 2 外露鳞片。叶片长椭圆形或卵状长椭圆形,长 1~2 cm,宽 5~8 mm,先端圆钝,具小尖头,基部楔形,两面无毛,全缘;叶柄长约 2 mm,无毛。伞形总状花序着生于侧枝顶端,花序具总梗,无毛;花梗长 5~15 mm,无毛;萼筒钟形,无毛,萼裂片三角形,先端急尖,外面无毛,里面被短柔毛;花瓣近圆形,先端圆钝,长约 2 mm,白色;雄蕊 20,与花瓣近等长;子房密被短柔毛。蓇葖果被柔毛。花期 5~7 月,果期 7~9 月。

产宁夏贺兰山、罗山、南华山及六盘山,多生于向阳山坡灌丛中。分布于我国华北及河南、陕西、甘肃、青海、四川、西藏等省(自治区)。

11. 木贼麻黄(*Ephedra equisetina* Bunge)

麻黄科麻黄属。直立灌木,高可达 1 m。木质茎粗长直立,小枝细,节间短,长 1.5~2.5 cm,纵槽纹不明显,蓝绿色或灰绿色。叶 2 裂,大部分合生,仅上部约 1/4 分离,裂片短三角形,先端钝。雄球花单生或 3~4 个集生于节上,卵圆形或狭卵圆形,苞片 3~4 对,基部约 1/3 合生,假花被近圆形,雄蕊 6~8,花丝全部合生,微外露;雄球花常 2 个对生节上,狭卵圆形或狭菱形,苞片 3 对,最上 1 对苞片约 2/3 合生,雌花 1~2,珠被管长约 2 mm,稍弯曲。雌球花成熟时肉质红色,具短梗。种子 1 粒,具明显的点状钟脐与种阜。

产宁夏贺兰山及中卫、盐池等市(县),分布于我国华北及西北各省(自治区)。

重要药用植物,为提取麻黄碱的重要原料。

12. 文冠果(*Xanthoceras sorbifolia*)

无患子科文冠果属。落叶灌木或小乔木,高达 5 m。树皮灰褐色,小枝粗壮,紫褐色,具纵棱,被短绒毛。奇数羽状复叶,互生,具 9~19 个小叶,叶下部的小叶互生,上部的小叶对生;小叶长椭圆形至披针形,长 2.6 cm,宽 1.0~1.5 cm,先端锐尖,基部渐狭,边缘具尖锐锯齿,上面绿色,下面淡绿色,两面无毛;小叶无柄或近无柄;叶轴疏被长柔毛。总状花序顶生,长可达 30 cm,花梗纤细,长 1~2 cm,每花梗基部具 3 个草质苞片,苞片全缘,苞片、花梗与花序轴均被绒毛;萼裂片 5,椭圆形,长 9~10 mm,宽约 4 mm,先端圆钝,背面被绒毛;花瓣 5,倒卵状披针形,长约 2 cm,宽约 8 mm,先端急尖,基部渐狭成爪,疏被柔毛,白色,基部紫红色;花盘裂片背面有 1 角状附属物,长达 3.5 mm;雄蕊 8,不等长,花丝丝形,紫红色,长约 8 mm;子房椭圆形,被绒毛,花柱直立,柱头头状。蒴果灰绿色,3 瓣裂。种子近球形,暗褐色,径 1.0~1.5 cm。花期 4~5 月,果期 7~8 月。

产宁夏贺兰山及同心、盐池等县。我国东北、华北及河南、陕西、甘肃有分布。

为重要木本油料植物,种子榨油可供食用或工业用;油渣富含蛋白质和淀粉,可提取蛋白质和氨基酸,加工后还可作饲料;木材和枝叶可入药,能祛风除湿。

13. 花叶海棠(*Malus transitoria*)

蔷薇科苹果属。灌木或小乔木,高 2~6 m。小枝细长,幼时密生绒毛,老时暗褐色,无毛。芽卵形,先端钝,被绒毛。叶片卵形或宽卵形,长 1.5~4.5 cm,宽 1.2~4.0 cm,先端急尖或稍钝,基部宽楔形、圆形或微心形,边缘常 5 深裂,裂片椭圆形或狭倒卵形,边缘具细钝锯齿,上面绿色,被短柔毛,下面淡绿色,被短柔毛;叶柄长 1~3 cm,密被绒毛;托叶披针形,被绒毛。伞形花序具 5~6 朵花;花梗长 2.0~2.5 cm,被短柔毛;萼筒外面密被绒毛,萼裂片卵状披针形,稍短于萼筒,里外两面被绒毛;花瓣近圆形或卵形,先端微凹,基部具爪,白色;雄蕊 20~25 个,不等长,稍短于花瓣;花柱5,无毛,与雄蕊近等长或稍短。梨果椭圆形,红色,长 6~8 mm,萼裂片脱落。花期 6 月,果期 8~9 月。

产宁夏贺兰山、罗山及南华山,多生于海拔 2 300~2 500 m 的阴坡或半阴坡杂木林中。分布于我国内蒙古、甘肃、青海、四川等省(自治区)。

可作苹果砧木,亦可作庭院美化树种。

14. 毛蕊杯腺柳(变种)(*Salix cupularis* var. *lasiogyne*)

杨柳科柳属。灌木,高 1.5~2.5 m;老枝灰黑色,小枝紫褐色,光滑。芽三角状卵形,长约 1 mm,无毛。叶椭圆形或倒卵状椭圆形,长 1.5~2.5 cm,宽 1.0~1.5 cm,先端急尖,基部近圆形或圆形,全缘,上面暗绿色,下面灰绿色,两面无毛;叶柄长 1.5 mm,无毛或沿腹面被绒毛,带红色。雄花序长 2.0~2.5 cm,苞片椭圆形,长约 2.5 mm,先端圆形或微凹,深棕色,微被短毛,雄蕊 2 个,花丝基部密生棕色长柔毛,具 1 腹腺和 1 背腺;雌花序长 1.0~1.5 cm,苞片椭圆形,被绒毛,子房被短柔毛,花柱短,柱头 2 个,具 2 腺,腹腺 3 裂。蒴果卵状椭圆形,被短毛,2 瓣开裂。花期 6 月,果期 7 月。

产宁夏贺兰山,生于海拔 3 200 m 的阴坡。分布于我国陕西、甘肃、青海、四川等省。

15. 膜果麻黄(*Ephedra przewalskii* Stapf)

麻黄科麻黄属。灌木,高 40~60 cm。主根木质,棕褐色,粗壮,发达。木质茎明显,茎皮灰黄色或灰白色,细纤维状纵裂成窄椭圆形网眼;上部多分枝,老枝黄绿色,纵槽纹不甚明显,小枝绿色,2~3 枝生于节上,分枝基部再生多数小枝,形成假轮生状;小枝节间粗长,长 2~4 cm。叶常 3 裂,混生有少数 2 裂,下部 1/2~2/3 合生,膜质,裂片三角形或长三角形,先端急尖。球花通常无梗,多数集成团状的复穗状花序,对生或轮生于节上;雄球花淡褐色或褐黄色,近圆球形,苞片 3~4 轮,每轮 3 片,稀 2 片对生,膜质,黄色或淡黄色,中央有绿色草质肋,仅基部合生,假花被宽扁呈蚌壳状,雄蕊 7~8 个,花丝大部合生;雌球花近圆球形,淡绿褐色或褐黄色,苞片 3~5 轮,每轮 3 片,稀 2 片对生,干燥膜质,几全部离生,最上 1 轮苞片各生 1 雌花,珠被管长 1.5~2.0 mm,伸出苞片之外,直立或卷曲;雌球花成熟时苞片增大成半透明薄膜状,淡棕色;种子通常 3 粒,长卵圆形,顶端狭尖突状,表面有细密纵皱纹。

产宁夏贺兰山及盐池、中卫、石嘴山等市(县),常生于干旱山坡、沙地及砂石盐碱地上。

分布于我国内蒙古、甘肃、青海及新疆等省(自治区)。

16. 钝叶鼠李(*Rhamnus maximovicziana*)

鼠李科鼠李属。灌木,高 2.0~2.5 m。树皮暗灰褐色,具光泽,多分棱,小枝对生,枝端及分叉处具刺。叶在长枝上对生或近对生,在短枝上丛生;叶椭圆形或卵状椭圆形,稀匙形,长 1~2 厘米,宽 0.5~1.5 cm,先端圆钝,稀微凹,基部楔形或宽楔形,稀近圆形,边缘全缘或疏具浅钝齿,上面绿色,下面淡绿色,两面无毛,侧脉 2~3 对,上面稍凹陷,下面隆起;叶柄长 0.5~1.3 cm,无毛。花单性,小形,黄绿色,数朵至 10 余朵丛生于短枝上;萼钟形,长 4 mm,无毛,萼裂片 4,直立,卵状披针形,与萼筒近等长或稍长;无花瓣;雄蕊 4,花药长 1.5 mm,花丝长约 1 mm,具退化雌蕊;雌花无花瓣,子房扁球形,花柱 2 裂至中部。果实扁球形,径约 6 mm,具 2 粒种子。种子倒卵形,长约 5 mm,宽约 3 mm,背面具长为种子 1/2 的纵沟。花期 5~6 月,果期 7~9 月。

产宁夏贺兰山,生于海拔 1 500~2 000 m 的干山沟或干旱山坡。分布于我国华北及陕西、甘肃、四川等省。

第二节 东麓阶地主要树种生物学特性

一、主要乔木树种的生物学特性

1. 新疆杨(*P. alba* var. *pyraidalis* Bge.*)

杨柳科杨属,乔木,高达 30 m;树皮灰绿色,光滑,老时灰褐色,基部浅裂;小枝灰绿色,密被绒毛,后脱落;芽圆锥形,被绒毛,无黏质。短枝上的叶几圆形或椭圆形,长 3.5~4.5 cm,宽 3~4 cm,先端尖,基部近截形或微心形,边缘具粗钝齿,上面绿色,无毛,下面灰绿色,幼时密被灰白色绒毛,后脱落;长枝上的叶较大,长 8~15 cm,3~5 浅裂;叶柄长 2.5~4.0 cm,侧扁,初被绒毛,后光滑。

宁夏引黄灌区普遍栽培,主产新疆维吾尔自治区,西北各省(自治区)引种栽培较普遍。

木材纹理直,结构细,可供建筑、家具等用材。喜光,抗寒,抗旱,抗风力强,对叶部病害和烟尘,具一定抗性,可作厂矿区绿化树种和防护林树种。

2. 刺槐(*Robinia pseudocaeia*)

豆科刺槐属。乔木,高 10~25 m。树皮灰褐色,深纵裂;小枝棕褐色,无毛。奇数羽状复叶,长 15~25 cm,具棱,微被短柔毛;托叶成扁平刺;小叶 11~19,矩圆形、椭圆形、卵状矩圆形或长短圆状椭圆形,长 2~5 cm,宽 0.8~3.0 cm,先端圆或微凹,具小尖头,基部圆形至宽楔形,全缘,两面无毛;小叶柄长 3~5 mm,被毛;小托叶小,锥形,长约 1 mm。总状花序下垂,叶腋生,长 10~20 cm,密被短柔毛;花梗长 8~10 mm,密被短柔毛;化萼钟形,长 5~6 mm,密被短柔毛,萼齿不等长,稍二唇形;花冠白色,旗瓣圆形,先端凹,基部具爪,并具黄色斑点,翼瓣与旗瓣近等长,先端圆,基部具爪和耳,龙骨瓣稍短,先端尖,基部具爪和耳;子房无毛,花柱顶端具柔毛。荚果线状长椭圆形,长 3~10 cm,宽 12~15 mm,扁平,深褐色。花期 5~6 月,果期 8~9 月。

宁夏全区普遍栽培。作行道树和庭院观赏树种,亦可为用材林树种。木材坚硬、耐水湿,可作枕木、车船、家具等;花可食;花、茎皮、根、叶可药用,可利尿、止血。也可为蜜源植物。

3. 苹果(*Malus pumila* Mill.)

蔷薇科苹果属。乔木,高 10~15 m。幼枝粗壮,密被绒毛,老枝紫褐色,无毛;芽卵形,密被短绒毛。叶片椭圆形、宽椭圆形或卵圆形,长 2~6 cm,宽 1.5~4.0 cm,先端急尖,基部宽楔形或近圆形,边缘具圆钝齿或重锯齿,幼时两面被短柔毛,老时上面无毛;叶柄粗,被短柔毛;托叶披针形或卵状倒披针形,密被短柔毛,早落。伞形花序具 3~7 朵花,花梗长 1~2 cm,花梗与花萼均被绒毛;萼裂片三角状披针形,长约 6 mm,稍长于萼筒,两面均被绒毛;花瓣倒卵圆形或椭圆形,白色具红晕长约 1.6 cm,宽约 1 cm,基部具短爪;雄蕊约 20 个,不等长,短于花瓣;花柱 5,较雄蕊长,中部一下密被灰白色绒毛,基部合生。果实扁圆形或圆形,径在 2 cm 以上,梗洼与萼洼均下陷,萼裂片宿存。花期 5 月,果期 8~10 月。

宁夏普遍栽培。

果实为我国北方地区的主要水果;亦可入药,为强壮剂,可治贫血症。

4. 核桃(*Juglans regid*)

胡桃科胡桃属。乔木,高 20~25 m。树皮淡灰色,幼时平滑,老时纵裂。奇数羽状复叶,小叶 5~9 片,椭圆形或椭圆状卵形,长 4.5~12.5 cm,宽 2.5~8.0 cm,顶生小叶通常较大,先端钝圆或微尖,基部楔形或宽楔形,侧生小叶基部偏斜,全缘,侧脉常在 15 对以上,表面深绿色,无毛,背面脉腋具微毛。雄花序长 13~15 cm,雄蕊 6~40 个;雌花序具 1~3 朵花,总苞具白色腺毛,花柱短,柱头2裂,赤红色。核果球形,径3.2~5.4 cm,内果皮表面有不规则的皱纹及2条纵脊。花期4~5月,果期9~10月。

宁夏普遍栽培。原产欧洲及中亚;我国普遍栽培,而以华北和西北为主要产区。

为优良木本油料树种。核仁是营养价值很高的干果品,含脂肪60%~78%,含蛋白质。

二、主要灌木树种的生物学特性

1. 斑子麻黄(*Ephedra rhytidosperma*)

麻黄科麻黄属。矮小灌木,植株近垫状,高5~20 cm。根与茎高度木质化,粗壮、坚硬,茎皮棕褐色或灰白色,片状剥落,具短梗多瘤节的木质枝,节粗厚结状,绿色小枝细瘦,在节上密集、假轮生呈辐射状排列,节间短,长1.0~1.5 cm,径约1 mm,纵槽纹浅,较明显。叶极小,膜质鞘状,长约1 mm,中部以下合生,上部2裂,裂片宽三角形,先端钝。雄球花在节上对生,长2~3 mm,无梗,具2~3对苞片,假花被倒卵圆形,雄蕊5~8,花丝合生,伸出花被之外;雌球花单生,具2对苞片,稀3对,下部1对形小,上部{对较长,中部以下合生,雌花2,假花被粗糙,具横列碎片状细密突起,珠被管长约1 mm,先端斜直,微弯曲。种子2粒,1/3露出苞片,黄棕色,背部中央及两侧边缘有明显突起的纵肋,肋间及腹面有横列碎片状细密突起。

产宁夏贺兰山,生于干旱山坡及山前。

2. 荒漠锦鸡儿(*Caragana robolovskii*)

豆科锦鸡儿属。矮灌木,高30~50 cm。树皮黄色,条状剥落,小枝淡灰褐色,密被灰白色柔毛。托叶膜质,三角状披针形,中脉明显,先端具硬刺尖;叶轴全部宿存并硬化成刺,长1.5~2.5 cm,灰黄色或浅棕色,幼时密被长柔毛;小叶4~6对,羽状着生,倒卵形或倒卵状披针形,长4~8 mm,宽2~5 mm,先端圆形,具小刺尖,基部楔形,两面密被长柔毛。花单生,花梗短,长2~3 mm,被长柔毛;萼筒形,长约1.2 cm,宽5~7 mm,萼齿三角状披针形,长约4 mm,密被柔毛,先端尖,具小尖头;花冠黄色,旗瓣倒卵形,长2.8~3.0 cm,先端微凹,基部具长爪,翼瓣长椭圆形,长2.5~2.7 cm,先端钝,爪长约1 cm,耳线形,长7~8 mm,龙骨瓣长2.3~2.5 cm,先端成向内弯的嘴,爪与瓣片近等长,耳圆形,长约1 mm;子房密被长柔毛。荚果圆筒形,长2.0~2.5 cm,径5~6 mm,密被柔毛。花期4~5月,果期6~7月。

产宁夏贺兰山和南华山,生于干旱山坡或山麓石砾滩地、山谷间干河床。分布于甘肃、青海等省。

3. 狭叶锦鸡儿(*Caragana stenophylla* Pojark)

豆科锦鸡儿属。灌木,老枝灰绿色或灰黄色,幼枝淡灰褐色,有时带红色,被短柔毛,后渐无毛。长枝上的托叶硬化成针刺,长2~4 mm;长枝上的叶轴宿存并硬化成针刺,长5~7 mm,短枝上的叶无叶轴;小叶4,假掌状着生,线状倒披针形,长8~17 mm,宽1.0~1.5 mm,先端急尖,具小尖头,基部渐狭,两面无毛或疏被柔毛。花单生;花梗长约1 cm,无毛,近中部具关节;花萼钟形,长约6 mm,宽约4 mm,基部偏斜,无毛,萼齿宽三角形,先端具尖头,边缘具短柔毛;花冠黄色,旗瓣倒卵形,长约2 cm,宽约12 mm,先端凹,基部具短爪,翼瓣长约1.9 cm,先端圆钝,爪长为瓣片的1/2,耳长为爪1.3~1.2,龙骨瓣长约1.5 cm,耳短而钝、爪长为瓣片的1/2以下;子房无毛。荚果线形,膨胀,长3~4 cm,径约5 mm,无毛,成熟时红褐色。花期6~7月,果期7~8月。

产宁夏贺兰山及同心、海原等县,生于向阳干旱山坡。分布于我国东北、华北及甘肃等省。

4. 红砂(*Reaumuria soongorica*)

怪柳科红砂属。矮小灌木,高15~25 cm。茎多分枝,老枝灰黄色,幼枝色稍淡。叶常3~5枚簇生,肉质,短圆柱状或倒披针状线形,长0.08~0.4 mm、宽约0.7 mm,先端钝,浅灰绿色,具腺。花单生叶腋或在小枝上集成疏松的穗状;苞片3,长椭圆形,长约1 mm,宽约0.6 mm,绿色,具白色膜质边缘;花小型,无柄,花萼钟形,中下部连合,上部5齿裂,裂片三角状卵形,边缘膜质;花瓣5,粉红色或白色,矩圆形,长约3.5 mm,宽约2 mm,先端钝,弯曲成兜形,基部狭楔形,里面中下部具2矩圆形鳞片,雄蕊通常6,稀8或更多,离生,与花瓣近等长;子房长椭圆形,花柱3。蒴果长圆状卵形,长约4.5 mm,直径约1.6 mm,光滑无毛,3瓣裂;种子长矩圆形,长约2 mm,全体被灰白色长柔毛。花期7~8月,果期8~9月。

产宁夏贺兰山山麓及中卫、青铜峡、银川、平罗、石嘴山、盐池、同心、海原等市(县),生于砾质戈壁、荒漠草原及潮湿的盐碱地。分布于我国西北及内蒙古、黑龙江等省(自治区)。

5. 沙冬青(*Ammopiptanthus mongolicus*)

豆科沙冬青属。常绿灌木;常1.5~2.0 m。枝黄绿色,幼时被白色短伏毛,后渐无毛。叶为掌状三出复叶,上部有时具单叶;总叶柄长5~12 mm,密被灰白色短伏毛;托叶小,锥形,贴生于叶柄而抱茎,密被毛;小叶无柄,长椭圆形、倒卵状椭圆形、菱状椭圆形或椭圆状披针形,长2~4 cm,宽5~15 mm,先端急尖或钝圆,稀微凹,基部楔形,全缘,两面密生银白色的短柔毛。总状花序顶生,花序轴无毛或几无毛,花少数,花梗长10~15 mm,无毛;萼钟形,长5~6 mm,萼齿4,极短,上方1齿较大,无毛或仅萼齿边缘具毛;花冠黄色,长约2 cm。旗瓣宽倒卵形,先端微凹,基部渐狭成短爪,翼瓣较旗瓣短,先端圆,基部具爪和耳,耳短。圆形,龙骨瓣较翼瓣短,分离,先端钝,基部具爪和耳;子房具柄,无毛。荚果长椭圆形,扁平,长5~6 cm,宽1.0~1.5 cm,先端具喙,具果梗。花期4~5月,果期5~6月。

可作固沙植物。有毒,枝叶入药,能祛风、活血、止痛。

6. 四合木 (*Tetraena mongolica* Maxim.)

蒺藜科四合木属。小灌木,高30~60 cm。多从基部分枝,老枝红褐色,光滑,幼枝灰黄色或黄白色,密被灰白色叉状毛。叶在老枝上近簇生,在嫩枝上为2小叶,肉质,倒披针形,长3~8 mm,宽1~3 mm,顶端圆形,具小突尖,基部楔形,全缘,两面密被灰白色叉状毛;无柄;托叶卵形,白色膜质。花单生叶腋,花梗长2~4 mm,密被叉状毛;萼片4,卵形,长约2.5 mm,被叉状毛;花瓣4,白色,椭圆形或倒卵形,长约3 mm;雄蕊8,外轮4枚与花瓣近等长,内轮4枚长于花瓣,花丝基部具膜质附属物;子房上位,4室,被毛,花柱单一。蒴果4瓣裂,果瓣新月形,被叉状毛。花期5~6月,果期7~8月。

产宁夏石嘴山落石滩,生于草原化荒漠或干旱山坡上。分布于我国内蒙古自治区。

第八章　森林资源保护与发展

　　森林是陆地生态系统的主题,林业是一项重要的公益事业和基础产业,承担着生态建设和林产品的重要任务,因此,搞好森林资源保护和利用工作,对于促进区域经济社会持续健康协调发展具有重要的意义。

　　贺兰山是宁夏较大的天然次生林区之一,它耸立于宁夏西北边界,山体高大,山脉南北横亘,处于东南季风末端,是我国北温带干旱风沙地区典型的内地森林生态系统,是银川平原和腾格里沙漠的分界线。贺兰山植被垂直分布规律明显,是我国西部干旱沙漠地区罕见的森林生态系统,区系分布多样,有许多特有的种和变种,是许多植物模式的标本原产地,具有较高的科学研究价值。贺兰山野生动物资源丰富,区系复杂,具有华北、蒙新区物种。贺兰山的保护不仅是因为它的资源价值,更重要原因是它的存在,为银川平原形成了一道天然的生态屏障,阻挡了腾格里沙漠的侵入,保障了银川平原农业生产和生态安全。因此,保护和发展贺兰山森林资源生态系统意义十分重大。

第一节　森林资源保护与发展面临的形势

　　从宏观形势看,贺兰山森林资源的发展面临着难得的历史机遇。近几十年来,特别是 20世纪 90 年代以来,追求生态与经济社会发展的协调统一、重视和加强生态建设,已成为世界林业发展的潮流。森林问题越来越受到国际社会的高度关注,林业问题已不仅是一个经济问题、生态问题,而且是一个社会问题、国际关系问题。1992 年联合国环发大会之后,各国都把生态建设的主体——林业提高到空前重要的地位。贺兰山作为保护森林资源的自然保护区,必须把森林资源的保护与发展置于整个建设的突出位置抓紧抓好。要以保护为中心,针对贺兰山保护情况提出相应的经营理念、发展目标、发展模式、管理体制、运行机制等。

　　进入新世纪后,中国综合国力大幅提升,党和政府更加重视林业工作,对林业的投入大幅增加,更加关注生态建设,贺兰山的保护迎来了千载难逢的历史机遇。党的十六大将可持续发展能力不断增强、生态环境得到改善作为全面建设小康社会的宏伟目标之一;《中共中央国务院关于加快林业发展的决定》对新世纪的林业发展作出了全面部署。胡锦涛总书记在联合国气候变化峰会上郑重承诺,中国要大力增加森林碳汇,争取到 2020 年森林面积比 2005 年增加 4 000 万 hm^2,森林蓄积量比 2005 年增加 13 亿 m^3。国家"十二五"规划明确提出,到 2015 年,全国森林覆盖率要达到 21.66%。活立木总蓄要增加 6 亿 m^3。这些都迫切需要增加森林资源,可以说,我国林业正处在历史上最好的发展时期,贺兰山也同样面临盛世兴林的大好局面。

一、森林资源保护与发展面临的机遇与挑战

新世纪以来,国家对林业的政策扶持和投入开始显现效益,全社会办林业的方针开始发挥威力,六大林业重点工程的实施开始见到成效。特别是贺兰山国家级自然保护区的建立和天然林保护工程的实施,对贺兰山森林资源保护提出来更高的要求。贺兰山在新时期森林资源保护与发展工作中,必须以科学发展观为指导,以高度的责任感和历史使命感,正视问题,统一认识,与时俱进,为贺兰山森林资源全面协调快速发展提供坚实基础和有力保障。

1. 森林资源保护面临的机遇

目前,保护区保护事业的发展面临着前所未有的大好形式,党中央、国务院和全国人民对加快林业发展高度重视,林业投入大幅增加,林业政策不断完善,公众舆论高度关注,社会各界大力支持。只有抓住这一有利时机,加大森林保护和培育的力度,才能使保护区事业发展迈上一个新台阶。同时,要把森林保护和培育提高到贯彻落实"以生态建设为主"战略的高度,适时把保护建设的重点转移到强化森林资源保育上,巩固森林培植的成果,提高森林资源质量,将森林建设成为高效稳定的森林生态系统,使其真正成为宁夏陆地生态系统的高质量主体,全面承担起维护自治区生态安全的重任。

随着人们对森林认识的逐步提高,森林生态系统对一个地区经济发展的作用越来越受到人们的重视。特别是国务院针对宁夏出台的《国务院关于进一步促进宁夏经济社会发展的若干意见》明确指出:"扎实推进生态建设。结合全国主体功能区规划的实施,支持大六盘生态经济圈建设,以小流域为单元开展山水田林路综合治理。加快实施泾河、葫芦河、祖厉河流域重点治理工程和清水河流域水土流失综合防治工程。……继续实施"三北"防护林、天然林保护、湿地保护与恢复等重点工程,加大对国家级自然保护区投入和管理能力建设,落实退耕还林后续配套政策。完善森林生态补偿机制,逐步扩大补偿范围。"无疑为保护区森林资源的保护与培育带来了新的千载难逢的机遇和挑战,国家为促进宁夏生态环境的建设制定了许多切实可行的相关保障和优惠政策,加大对林业生态建设的支持和投入力度,必将为保护区林业跨越式发展带来新的机遇。

2. 森林资源保护面临的挑战

目前,贺兰山保护区森林资源保护仍然面临许多新情况和新问题。森林经营水平和林业生产力发展水平还比较低,与经济社会可持续发展的要求还有较大差距,生态建设与经济发展的矛盾很突出。在贺兰山外围一些地方只为了眼前利益,侵占林地现象时有发生。由于对贺兰山石料、矿藏、煤炭资源的开发利用不可避免,这为贺兰山保护区森林资源的保护提出严峻的挑战。

二、森林资源保护与发展的需求与任务

温家宝总理在中央林业工作会议上对林业地位作出了"四个地位"的精辟概括,明确指出,林业在贯彻可持续发展战略中具有重要地位,在生态建设中具有首要地位,在西部大开发中具有基础地位,在应对气候变化中具有特殊地位。回良玉副总理对新时期林业的"四大使命"进行了科学分析,这"四个地位"和"四大使命",是我们党对林业认识的最新成果,是新形势下中央对林业工作提出的最新要求。针对森林破坏带来的严重危害社会对经济和生态、发展和保护等各种关系开始进行深刻反思,对改善生态环境的愿望日益强烈。而加快林业发展,首先要加快森林资源的保护与培育。要紧紧抓住这一有利时机,紧紧抓住社会对生态林业需求的转变,国家对宁夏投资的增加,全实施封山育林和森林抚育,尽快使森林面积在短时期内有一个较大幅度的增长,力争全区森林覆盖率在近期内有较快提升,为最终解决保护与开发的矛盾奠定坚实的物质基础。

当前和今后一个时期贺兰山工作的主要任务,一是进一步和巩固推进天然保护林工程、野生动植物保护及自然保护区建设工程,走以生态保护为主的林业可持续发展之路;二是以贺兰山森林资源为抓手,努力建设宁夏西部生态屏障,建设银川平原生态保护屏障;三是在保护的基础上,用经营的理念,积极拓展保护与经营发展的关系,以生态旅游为突破口,使贺兰山保护工作迈上一个新台阶;四是继续严格实行封山禁牧等措施,加强天然植被恢复与保护,巩固建设成果。

第二节 森林资源保护与发展现状

新中国成立前,贺兰山的森林资源遭受严重破坏,森林质量下降,生态状况日趋恶化。

新中国成立以后,宁夏政府高度重视林业建设,森林资源进入了恢复发展时期。经过几十年不懈奋斗,森林资源数量和质量发生了显著变化。进入 21 世纪,党中央、国务院把森林资源保护与发展提升到维护国家生态安全,全面建设小康社会,实现经济社会可持续发展的战略高度,确立了"严格保护、积极发展、科学经营、持续利用"的指导方针,森林资源步入了较快发展的新阶段。

一、森林资源保护

1. 森林资源保护建设现状

贺兰山自然保护区不仅保存着未来社会的战略资源、珍贵的基因资源,而且拥有巨大的生态价值和难以准确计算的非使用价值。改革开放以来,特别是实施全国野生动植物保护及自然保护区建设工程以来,贺兰山自然保护区建设事业进入了一个快速发展阶段,本着"抢救为主,积极保护"的原则,针对我国主要的森林生态系统及生物多样性丰富区域保护的迫切需要,于 1988 年建立以保护森林植被为主要功能的贺兰山国家级自然保护区,使贺兰山森林资源保护进入合法保护的轨道。经过多年努力,贺兰山建立了以行政管理为主体,以保护区管理站为基础的森林资源经营管理体系;林业地方性法律、法规体系日益健全,先后出台了《宁夏回族自治区林地管理办法》《宁夏回族自治区六盘山、贺兰山、罗山国家级自然保护区条例》以及关于林地管理、森林限额采伐、林权登记发证、占用林地审核审批、森林管护、林地林权等方面的制度,逐步形成了森林资源经营管理的法规体系和管理制度;依托科技进步,逐步建立适应林业快速发展的森林资源和生态状况综合监测体系,森林资源经营的现代化管理水平不断提高。

2. 森林资源保护成就

森林资源保护是与森林资源密切相关,是自然生态系统的重要组成部分,也是社会经济发展的重要物质资源,在改善生态环境、推动科技进步、维护公众健康等方面具有非常重要的作用。森林资源保护一是森林资源培育成就,贺兰山是宁夏森林资源相对集中的区域,也是宁夏第二大天然次生林区。新中国成立后,贺兰山保护力度逐步加强,尤其是实施天然保护林工程期间,通过工程措施,全封全育,有效的保护天然林资源,使森林资源和森林蓄积持续增长。截至 2006 年,保护区林地面积为 193 535.98 hm²。其中,有林林面积 18 635.3 hm²、疏林地面积 7 829.3 hm²、灌木林面积为 8 973.7 hm²,森林覆盖率达 14.3%。森林面积增加,森林覆盖率的提高,使贺兰山自然面貌发生了较大的变化。二是森林资源利用成就。贺兰山森林资源的利用主要是和森林旅游的发展。由于贺兰山地处宁夏沙湖、西部影视城、西夏王陵旅游线中间,依托其独特的森林资源优势和距银川市不到 50 km 的路程,森林旅游也有利长足进展,建立贺兰山国家级森林公园,为森林资源的有效利用打造了新的产业体系。

3. 森林资源保护面临的问题

虽然贺兰山森林资源保护用取得了非常显著的成绩,但依然面临很多问题。一是经济发展和人口增长对森林资源保护管理的压力不断增加。特别是贺兰山森林资源分布不均、林分质量不高、结构不合理与减少自然灾害,保障森林资源的可持续增长极不适应。二是贺兰山自然生态系统脆弱、退化的严重局面没有从根本上得到有效扼制。三是野生动植物保护利用总体发展水平低,良莠不齐。四是森林有害生物防治机制不灵活、监测检疫手段落后、管理水平较低。五是天然林保护和封山育林使林内可燃物载量不断增加,管理难度大、基础设施薄弱、科技含量低。

二、野生动植物保护

1. 野生动植物保护现状

新中国成立后,我国政府十分重视野生动植物保护工作,为了保护和拯救珍贵、濒危野生动植物,采取了一系列的办法和措施,先后制定发布了《森林和野生动物类型自然保护区管理办法》《中华人民共和国野生动物保护法》《中华人民共和国自然保护区条例》《中华人民共和国野生植物保护条例》以及《国家重点保护野生动物名录》《国家重点保护野生植物名录》和《国家保护的有益的或者有重要经济、科学研究价值的陆生野生动物名录》法规、法律和各种实施条例。是野生动物保护有法可依。1988 年,宁夏贺兰山被列为国家级森林和野生动物类型自然保护区。1989 年,管理局下发《关于认真做好宣传〈中华人民共和国野生动物保护法〉的通知》。1990 年,宁夏回族自治区通过《宁夏回族自治区野生动物保护实施办法》,2001 年开始制定《宁夏贺兰山国家级自然保护区野生动植物保护总体规划》,2002 年西北濒危动物研究所(陕西省动物研究所)和管理局联合对贺兰山岩羊进行专题研究。1991 年和 2005 年分别进行了二期野生动物保护建设工程。目前,贺兰山林管局与东北林业大学合作进行贺兰山鹅喉羚的深入系统研究。这将使贺兰山野生动物保护进入正常化管理。

2. 取得的成就

党和政府十分重视野生动植物保护工作。进入新时期,国家将野生动植物保护及自然保护区建设工程列为六大工程之一,于 2001 年全面启动,野生动植物保护进入了发展新阶段。近年来,贺兰山的野生动植物保护事业在较短时期内取得了一系列令人瞩目的巨大成就。一是逐步贯彻落实国家先后颁布的各项法律和实施条例,并根据贺兰山的具体实际情况,相应制定了一系列地方性法规和规章,初步形成了符合贺兰山的野生动植物保护法规体系,为野生动植物保护奠定了坚实的法律基础。二是自然保护区基础保护建设得到快速发展,为珍稀濒危野生动植物提供了良好的栖息环境。三是加大执法监管力度,完善监管手段,推行标记管理等措施,多方位、多环节加大执法监管力度,保持对破坏野生动物资源的不法活动始终严打状态,有力遏制了猎獗破坏野生动植物资源犯罪活动的势头。四是支持野生动植物保护科学研究,提高科技含量。五是广泛开展宣传教育,极大提高全社会野生动植物保护意识,野生动植物保护的群众基础日益坚固。

3. 面临的问题

虽然贺兰山在近年来得到有效保护,但其生态依然十分脆弱,一旦破坏,很容易逆转,将会造成不可估量的损失。因此,贺兰山野生动物保护任务依然艰巨,保护难度将越来越大,保护与利用关系有待进一步优化,加强野生动物保护科学研究,提升野生动植物驯化繁殖总体发展水平,形成规模化、集约化的繁育、培育体系,为野生动物保护提供科技支撑。

三、森林病虫害及有害生物防治

1. 森林病虫害及有害生物防治现状

贺兰山地区由于气候持续干燥,降雨量少,林区病虫害时有发生并呈蔓延之势。据外业调查,主要病虫有青海云杉梢斑螟、异色卷蛾、蝗虫、榆叶跳象、舞毒蛾等。20 世纪 60 年代初,贺兰山森林经营管理所在营林生产活动中,部分林区虫害严重。采取"666"烟雾剂熏杀进行局部防治。20 世纪 70 年代,贺兰山森林经营管理所坚持"预防为主,积极消灭"的方针,加强对此工作的领导,成立林木虫害防治指挥部,筹措专项资金,固定人员,购置设备,集中力量,重点防治。采用"666"烟雾剂熏杀云杉木虱、松梢螟、球果螟等虫,喷撒粉剂熏杀云杉木虱,使森林病虫害基本得到控制。20 世纪 80 年代,贯彻"预防为主,防重于救"的方针,建立林木病虫害预测预报观测点,成立专业小组,配备人员进行观察研究,互通情报,做到有备无患。"十五"期间森林病虫鼠害防治推行目标管理,实行以成灾率、防治率、监测覆盖率和种苗产地检疫率为主的防治目标管理办法,要求局、站、点各级负责人要高度重视,把森防工作纳入重要议事日程,把森林病虫害防治目标完成情况作为考核干部政绩职工业绩的一项重要内容和评选先进的一项重要指标。实施工程治理,强化管理,狠抓落实,提高森防工作的科技含量和管理水平,提高了测报的及时性和准确性。

2. 取得的成就

贺兰山森林生物灾害的防治方针是"预防为主,综合防治"。在此方针的指导下,贺兰山的森林生物灾害防治工作取得了重大的成果,有关森林生物灾害防治工作的法律、法规不断健全,森防体系得到不断完善,初步建立了局、站、点 3 级森林病虫害预报网络、防治服务网络和检疫执法网络。2006 年建立了森林资源信息管理平台,将航天遥感引入到森林生物灾害的防治工作中。航天遥感和地面监测方法相结合,监测森林生物灾害的实践在贺兰山开始应用,使用高效的监测方法可及时发现和跟踪有害生物的灾变过程,并采取措施加以控制,提高了生物灾害的预警能力。2006 年主要有害生物成灾率控制在 5‰以下,防治工作取得明显成效。

3. 面临的问题

我国《森林病虫害防治条例》明确规定:森林病虫害防治实行"谁经营、谁防治"的责任制度,规定了病虫害预防应当遵循的森林经营六条准则。这为森林病虫害防治政策指导提供支撑。但贺兰山天然林资源为天然次生林,天然林树种单一,林种结构单一,林分结构简单,致使天然林抗逆性差,极易受到病虫害的侵袭。同时,目前贺兰山监测、检疫和防治手段依然停留在地面人工调查阶段,不但费时费力,而且基本数据的准确性受到调查人员责任心、调查水平的影响很大,直接影响到病虫害预测预报的准确率。因此,防治机构队伍建设亟待加强,防治机制要不断创新,森林生物灾害管理水平有待提高。

四、森林防火

1. 贺兰山森林防火的现状

护林防火是贺兰山管理机构的重要职责。新中国成立以来,在上级主管部门的领导下,在沿山各级政府的支持下,贺兰山管理机构认真贯彻党的护林防火政策,1988 年初国务院正式颁布实施了我国第一部森林防火行政法规——《森林防火条例》。这一《条例》的实施为依法用火、管火和治火,有效保护森林资源和林区人民生命财产的安全,维护自然生态平衡提供了重要的法律依据。贺兰山坚持《条例》的"预防为主、积极消灭"的护林防火工作方针。把护林防火工作作为头等大事,常抓不懈。使森林防火管理工作就迈入了制度化、规范化和法制化的轨道,从而开始了依法治火的新阶段。管理局设立了森林防火指挥部,确立了森林防火行政领导负责制,将森林防火工作纳入了地方政府的统一领导。经过全局干部职工艰苦努力,辛勤工作,取得了 61 年无一般森林火灾事故的优异成绩,单位和个人曾先后受到国家林业局、自治区党委、政府及有关部门的多次表彰和奖励。

2. 森林防火取得的成就

多年来,贺兰山不断加大森林防火工作力度。一是全民防火意识普遍增强,贺兰山坚持

"群防群治、专群结合"的方针,营造了全社会关心防火、参与防火、支持防火的良好氛围。二是行政领导负责制全面落实,森林防火组织体系逐步健全。为了强化护林防火工作,落实防火责任制,建立护林防火三级联防,即毗邻省区护林联防、沿山县区护林联防、基层站点护林联防,制定责任制,划片包干,建立村规民约,互相监督,共同遵守。三是森林消防队伍不断壮大,成立宁夏贺兰山国家级自然保护区管理局成立护林防火指挥部,下设 3 个扑火中队,总指挥部共有 10 人,扑火队伍共有 1 200 人,由于建立健全群众性的护林防火组织,为保护贺兰山林区森林资源安全打下了坚实的基础。四是防火基础设施得到改善,综合防控能力得到提高。五是防灾减灾管理全面加强,群防群治机制初步建立。

3. 面临的问题

最近几年,厄尔尼诺现象的影响日益频繁,异常天气增多,导致全球森林火灾频发。贺兰山地区相继出现了气温偏高、降水偏少、大风天数增多的高火险时段,导致防火期延长,这种高火险天气的出现,对森林防火工作极为不利。同时,林区内可燃物载量不断增加,使发生森林大火的危险性越来越大。因此,要进一步加大进山火源管理力度,加强森林防火基础设施建设,提升防火科技含量,利用火场应急通讯系统、计划火烧、机载红外线探火技术、森林火灾损失评估、森林防火的标准化制定及扑火机具设备的研制、开发等工作在森林防火中急需解决。

第三节　森林资源保护与发展目标

一、指导思想与方针

确立以生态建设为主的林业可持续发展道路,建立以森林植被为主体、林草结合的国土生态安全体系,大力保护、培育和合理利用森林资源,构筑宁夏平原西部生态屏障。通过管好现有森林资源,扩大保护区范围,抓好封山育林,增加森林资源,增强森林生态系统的整体功能,增加林业职工收入,使林业更好地为国民经济和社会发展服务。

二、森林资源保护与发展目标

通过严格保护、积极培育,保育结合,休养生息,实现天然林资源有效保护与合理利用的良性循环。尽快扭转天然林生态系统处于逆向演替的局面,逐步扩大天然林保育实施区域,继续加强对天然林资源的管护;利用封山育林促进天然林生态系统的恢复和加速其恢复与发展演替的进程。根据不同地区的自然条件,因地制宜地选择人工培育措施;对自然条件优越,已处于顶极状态的天然林,应加强管护,充分发挥其生态功能;对破坏较为严重、恢复与发展缓慢甚至逆向演替的天然林,应采取人工促进天然更新和加强抚育等措施,以加速其进展演替的进程。在保证森林生态系统完整的前提下,保证生态系统和生物物种的恢复和发展,实现基因、物种和生态系统的多样化。

三、森林有害生物防治目标

在加速促进可持续发展林业生态工程建设的基础上,积极探索研究和发展可持续减灾、控灾的森林生态系统经营机制;按市场规则制定相适应的政策,在灾害监测及控灾体制上,充分发挥省级森防部门的积极性,强化中央的宏观管理职能,提高群众参与防灾减灾的积极性;开展对重大森林病虫害的早期监测、预报和严格的检疫工作,早期控制,促使灾害控制在一个可以接受的水平。逐步建立和完善国家外来入侵物种的数据库信息共享技术平台;构建主要外来入侵物种的预防预警技术与快速反应体系;构建定量风险评估的技术与方法;建立野外监测技术方法与系统;发展持续治理的技术与方法,使主要外来入侵生物的危害与蔓延得到有效遏制。

四、森林防火目标

通过建立和健全严密的森林防火管理组织体系、准确的林火预测预报体系、现代化的林火监测体系、强大的森林火灾扑救体系、发达的森林航空消防体系、科学的森林可燃物管理体系、完备的林火阻隔体系、通畅、快捷的信息传输与处理体系、科学的林火评估体系、高素质的森林消防队伍体系和有创造力的森林防火科研体系、高效的森林防火专业培训体系等12大系统,全面提升森林消防的综合能力,降低森林火险,提高林火管理水平,实现林火监测无死角,林火信息传输无盲区,年均森林火灾受灾率不超过0.1‰,到本世纪中叶使特大火灾得到有效控制。

第四节 森林资源保护与发展措施

为实现森林资源保护发展目标,按照全面建设小康社会,贯彻落实科学发展观的要求,进一步加快森林资源培育,增加森林资源总量,提高森林资源质量,改善森林资源结构,增强森林生态系统功能,确保森林资源持续快速、协调健康发展。

1. 建立健全法律法规体系

加强林业法律法规体系建设,完善森林资源管理和保护的行政制度,使森林资源发展建立在法制的基础上。一是加快林业立法工作,抓紧制定天然林保护、国有森林资源经营管理、森林林木和林地使用权流转、林业工程质量监管、林业重点工程建设、公益林补偿等方面的法律法规,并根据新情况对《中华人民共和国森林法》等相关内容进行修订。二是提高林业综合执法能力,强化执法机构和队伍建设,依法加强森林防火、森林病虫害防治和自然保护区、野生动植物保护管理工作。加强林业执法监管体系,充实执法监督力量,改善执法监督条件,提高执法监督队伍素质。三是健全林业行政决策责任制度,合理划分中央和地方政府森林资源保护发展的事权,继续落实领导干部保护发展森林资源任期目标责任制,实行任期目标管理,把责任制的落实情况作为干部政绩考核、选拔任用和奖惩的重要依据,建立重大毁林案件、违规使用资金案件和工程质量事故责任追究制度。四是进一步加大执法力度,严厉打击乱砍滥伐林木、乱垦滥占林地等违法犯罪行为,巩固森林资源培育成果。五是进一步提高全民族依法保护森林资源和生态环境的意识,为依法治林奠定基础。加强林业法律法规体系建设,推进依法治林,使森林资源保护与发展建立在法制的基础上,真正做到有法可依、有法必依、执法必严、违法必究。

2. 深化管理体制与机制改革

林业体制改革是加快林业发展的关键,是调动社会各界投入林业建设积极性的重要基础。推进森林资源管理的改革,创新森林资源管理机制。一是稳妥推进自然保护区森林资源管理体制改革,建立权责利相统一,管资产和管人、管事相结合的森林资源管理体制。使自然保护区的森林资源得以有效恢复,促进林区生态、经济和社会的协调发展。二是采取严厉措施,加强林地,严格林地林木林权、征占用林地管理,认真执行登记发证制度。三是强化各保护站森林资源管理职能,稳定林业执法队伍,加强森林资源管理队伍建设,增强依法行政能力。

3. 加快森林资源培育步伐

大力培育森林资源,不断增加森林资源数量,是加强生态建设、维护生态安全、建设生态文明社会的重要基础,也是实现自然保护区可持续发展最根本、最紧迫和最有效的措施。森林资源数量多、质量高是建立比较完备的森林生态体系和比较发达的林业产业体系的基础和根本。以森林可持续经营为手段,在增加森林资源总量的同时,努力提高森林资源质量,加快建立和培育高质量的森林生态系统,满足社会日益增长的生态和林产品的需求。一是加强对封山育林的管理,通过补植、移植等手段,促进幼苗生长,提高成活率和保存率,有效增加森林的后备资源。二是调整林业投资结构,加大森林经营投入,大力组织开展森林抚育和低质低效林改造,改变树种结构单一、生态功能低下、林地生产力不高的状况,提高林木单位面积蓄积。三是引进先进的管理方法、管理理念,以质量为先导,实行全过程的质量管理,逐步实现森林资源保护管理科学化、规范化。

4. 严格森林资源的保护与利用

严格森林资源的保护与利用是森林资源数量增加,质量提高,结构改善的重要保障。强化森林资源保护管理。一是要建立健全森林管理机构,完善森林管理制度和监督系统;投入资金,增加和完善护林设施;加强保护区森林公安队伍建设;实行规范化、科学化、法制化管理,保护好森林资源。二是建立先进高效的森林资源监测体系,利用计算机技术、信息技术和网络通讯技术特别是"3S"技术等手段,建立资源信息通讯与管理系统,自上而下地把森林资源监测有机地连成一片,达到及时、迅速监测森林资源变化和辅助经营管理决策的目的。三是完善监控预报系统,增加和完善防火设施,加强森林火灾的预防和扑救工作,同时要做好宣传教育工作,增强人们的防火意识。加大科技投入,积极防治森林病虫害。四是禁止毁林开荒和毁林采石、采土及其他毁林行为,禁止在保护区内放牧。

5. 加大资金投入

继续保持并逐步加大对保护区建设的投入力度,根据保护区建设的特点,增加对保护区的财政和金融支持,实行长期低息甚至无息的信贷扶持政策。在各级政府不断加大林业投入的基础上,要积极争取来自国际组织、外国政府及民间组织的各种无偿资金和优惠贷款,拓宽林业投融资渠道。认真落实国家对林业各项税费优惠政策,切实减轻林业经营者的负担。将贺兰山森林资源保护管理和重大林业基础设施建设的投资纳入本级政府的财政预算,并予以优先安排。森林生态效益补偿基金分别纳入中央和地方财政预算,并逐步增加资金规模,逐步规范各项生态公益林工程建设的造林补助标准。

6. 加强森林资源保护与发展的科技支撑

科学技术特别是高新技术的发展给林业科学研究带来了新的机遇和挑战,世界各国正在不断将各项高新科技成果应用于林业生产和实践。"3S"技术使森林资源管理迈上了一个新台阶。今后,科学技术特别是高新技术和交叉科学技术如生物技术、信息技术和新材料技术在林业各个领域的应用将日益广泛,并将进一步推动林业的发展。加大森林病虫害防治的科研和技术推广力度,切实抓好森林病虫害的监测、预报和防治工作;建立健全外来有害生物预警体系,防止境外有害生物的侵入和国内危险性病虫害的异地传播;积极开展对森林资源动态监测技术与方法的研究,不断增强对森林资源逐级监督、动态监测和及时预警的能力;对林木重大病虫害防治、森林资源与生态监测、种质资源保存与利用、林火管理与控制、主要经济林产品加工转化、森林资源可持续经营的标准和指标以及森林生态系统经营管理等方面的研究应大大加强。

主要参考文献

1. 中共中央 国务院.关于加快林业发展的决定,2003-06-25

2. 雷加富.中国森林资源.北京:中国林业出版社,2005-9

3. 唐麓君.宁夏森林.北京:中国林业出版社,1990

4. 宁夏贺兰山国家级自然保护区志编纂委员会编的.宁夏贺兰山国家级自然保护区志,2006

5. 李怀珠,李志刚,吕海军.宁夏贺兰山森林资源变化分析.宁夏农林科技,2000年增刊

6. 宁夏贺兰山国家级自然保护区管理局编写的.宁夏贺兰山国家级自然保护区森林资源规划设计调查报告,2008

宁夏回族自治区贺兰山自然保护区遥感影像图

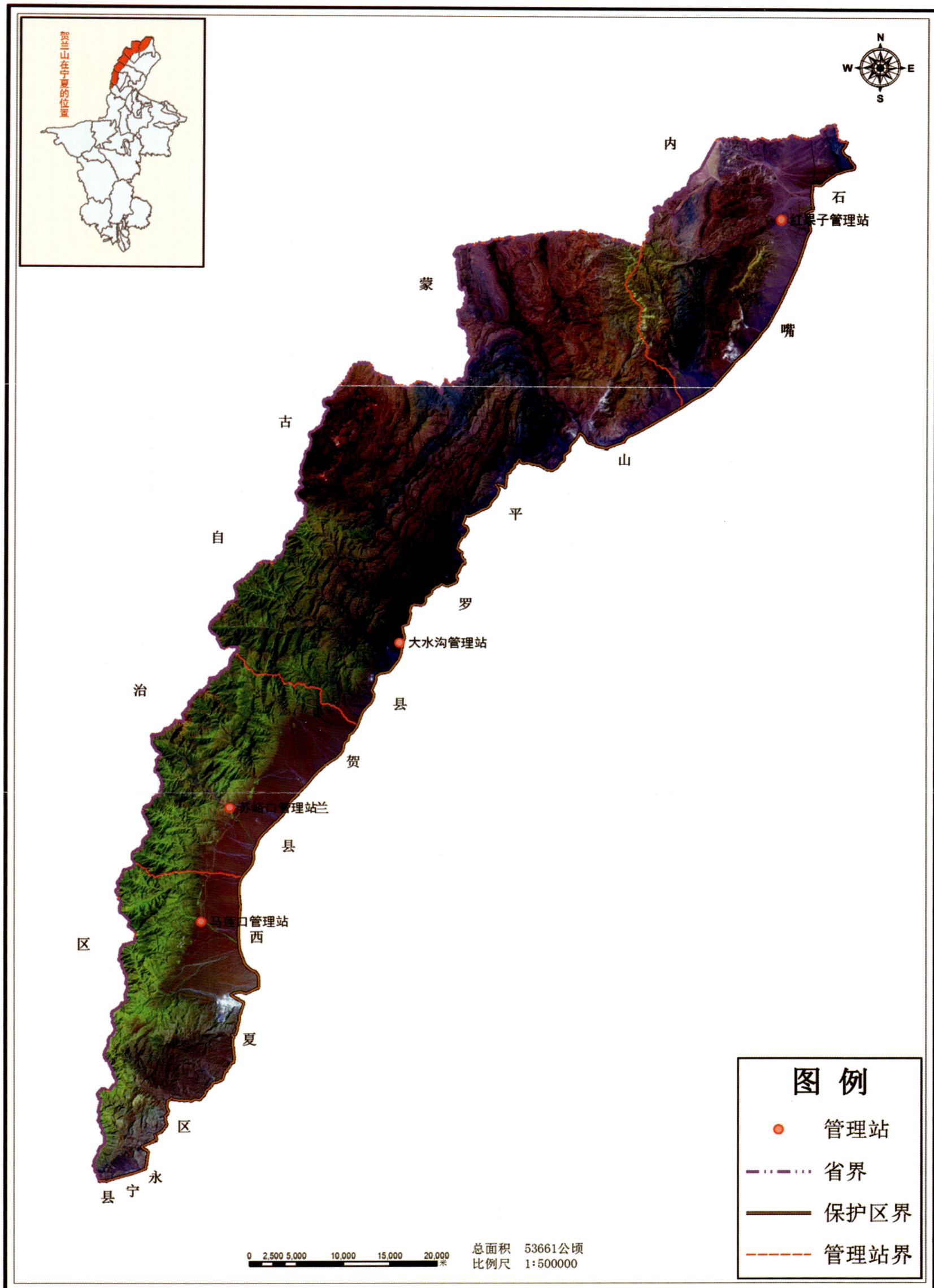

贺兰山在宁夏的位置

内

蒙

古

自

治

区

石

嘴

山

平

罗

县

贺

兰

县

西

夏

区

永

宁

县

红果子管理站

大水沟管理站

苏峪口管理站

马莲口管理站

图 例

- ● 管理站
- ·—·—·— 省界
- ———— 保护区界
- --------- 管理站界

0 2,500 5,000 10,000 15,000 20,000
米

总面积 53661公顷
比例尺 1:500000

宁夏回族自治区林业调查规划院

宁夏回族自治区贺兰山自然保护区森林分布图

贺兰山在宁夏的位置

内
蒙
山
石
嘴
山

古
自
治
区

平
罗
县
贺
兰
县
西
夏
区
永
宁
县

红果子管理站

大水沟管理站

苏峪口管理站

马莲口管理站

N
W E
S

0 2,500 5,000　10,000　15,000　20,000
米

总面积　53661公顷
比例尺　1:500000

图　例

● 乡、镇		有林地	
⊢━┥ 铁路		特灌	
── 道路		疏林地	
── 河流		其他林业用地	
─·─·─ 省界		未成林造林地	
─── 保护区界		未成林封育地	
─ ─ 管理站界		无立木林地	
水库		宜林地	
▨ 居民区			

宁夏回族自治区林业调查规划院

宁夏贺兰山大水沟管理站林相图

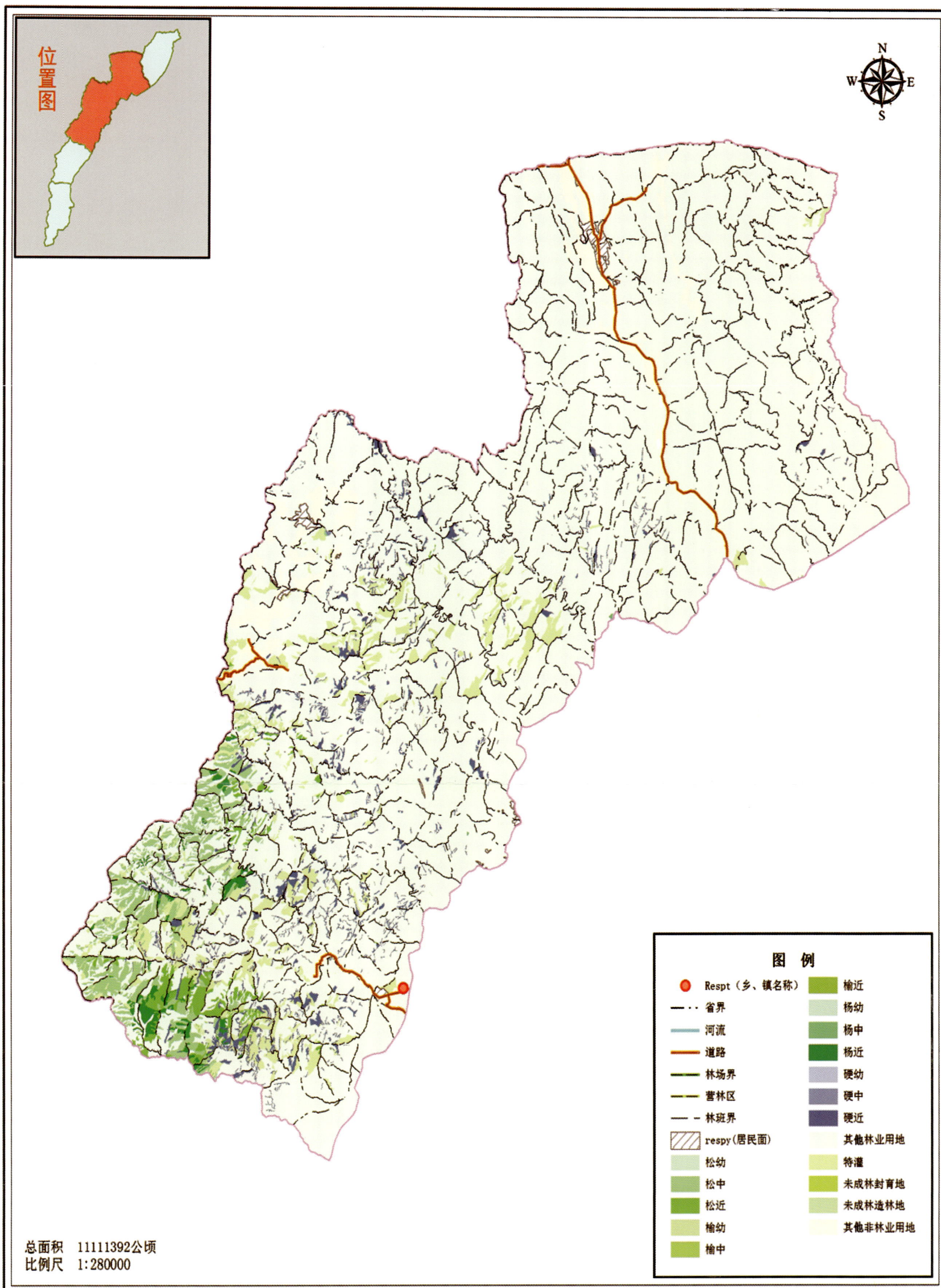

位置图

比例尺 1:280000

图 例

- ● Respt（乡、镇名称）
- —··— 省界
- —— 河流
- —— 道路
- —— 林场界
- —— 营林区
- —— 林班界
- ▨ respy（居民面）
- 松幼
- 松中
- 松近
- 榆幼
- 榆中
- 榆近
- 杨幼
- 杨中
- 杨近
- 硬幼
- 硬中
- 硬近
- 其他林业用地
- 特灌
- 未成林封育地
- 未成林造林地
- 其他非林业用地

总面积 11111392公顷
比例尺 1:280000

宁夏贺兰山苏峪口管理站林相图

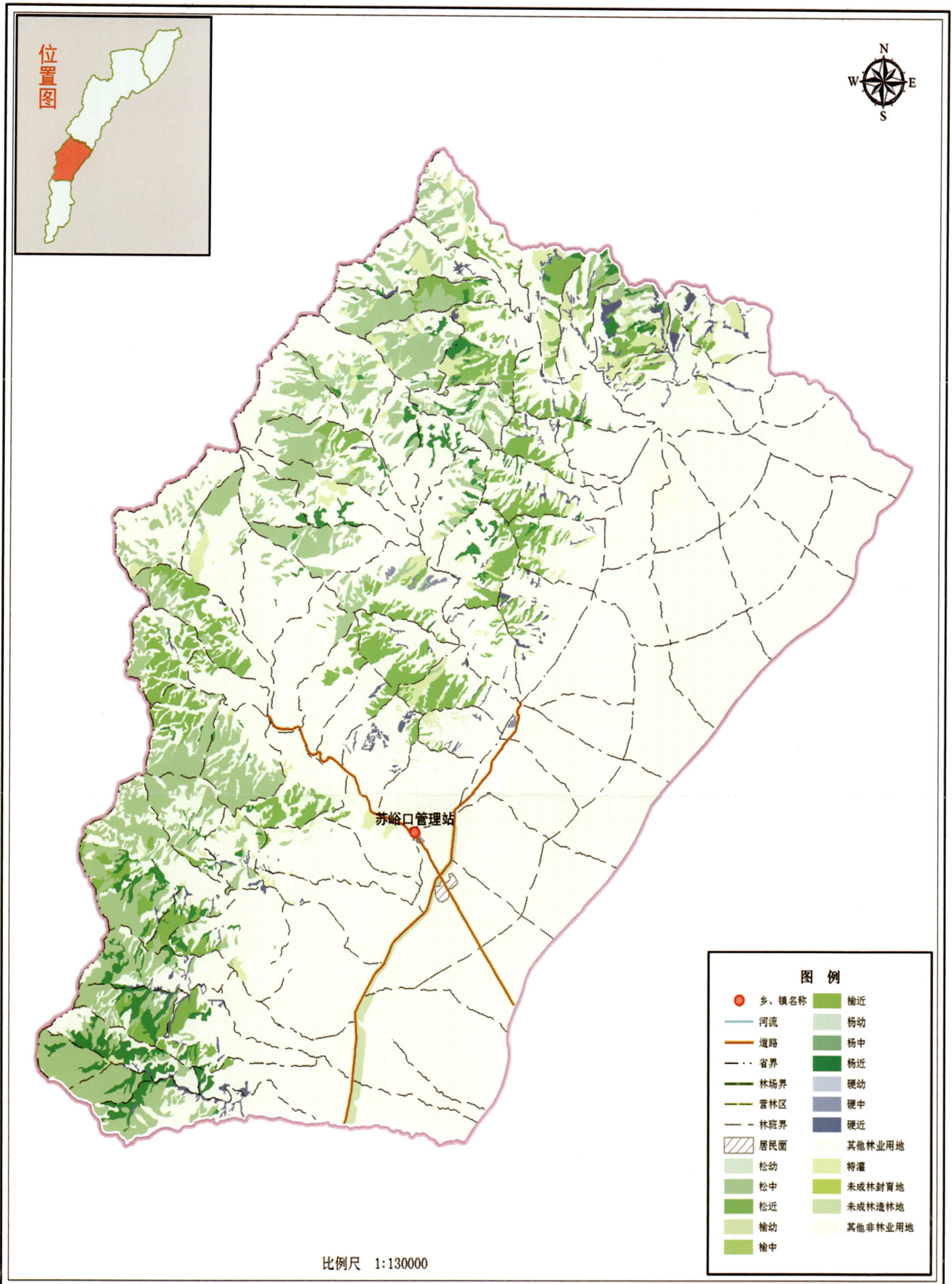

位置图

N
W E
S

苏峪口管理站

比例尺 1:130000

图 例

符号	名称		名称
⬤	乡、镇名称		榆近
──	河流		杨幼
──	道路		杨中
─·─	省界		杨近
──	林场界		硬幼
──	营林区		硬中
──	林班界		硬近
▨	居民面		其他林业用地
	松幼		特灌
	松中		未成林封育地
	松近		未成林造林地
	榆幼		其他非林业用地
	榆中		

本图依据 2007 年森林资源二类调查成果编绘成图,不作为行政勘界的依据。　　　　宁夏回族自治区林业调查规划院绘制　　　　调查单位:宁夏回族自治区林业调查规划院

宁夏贺兰山马莲口管理站林相图

马莲口管理站

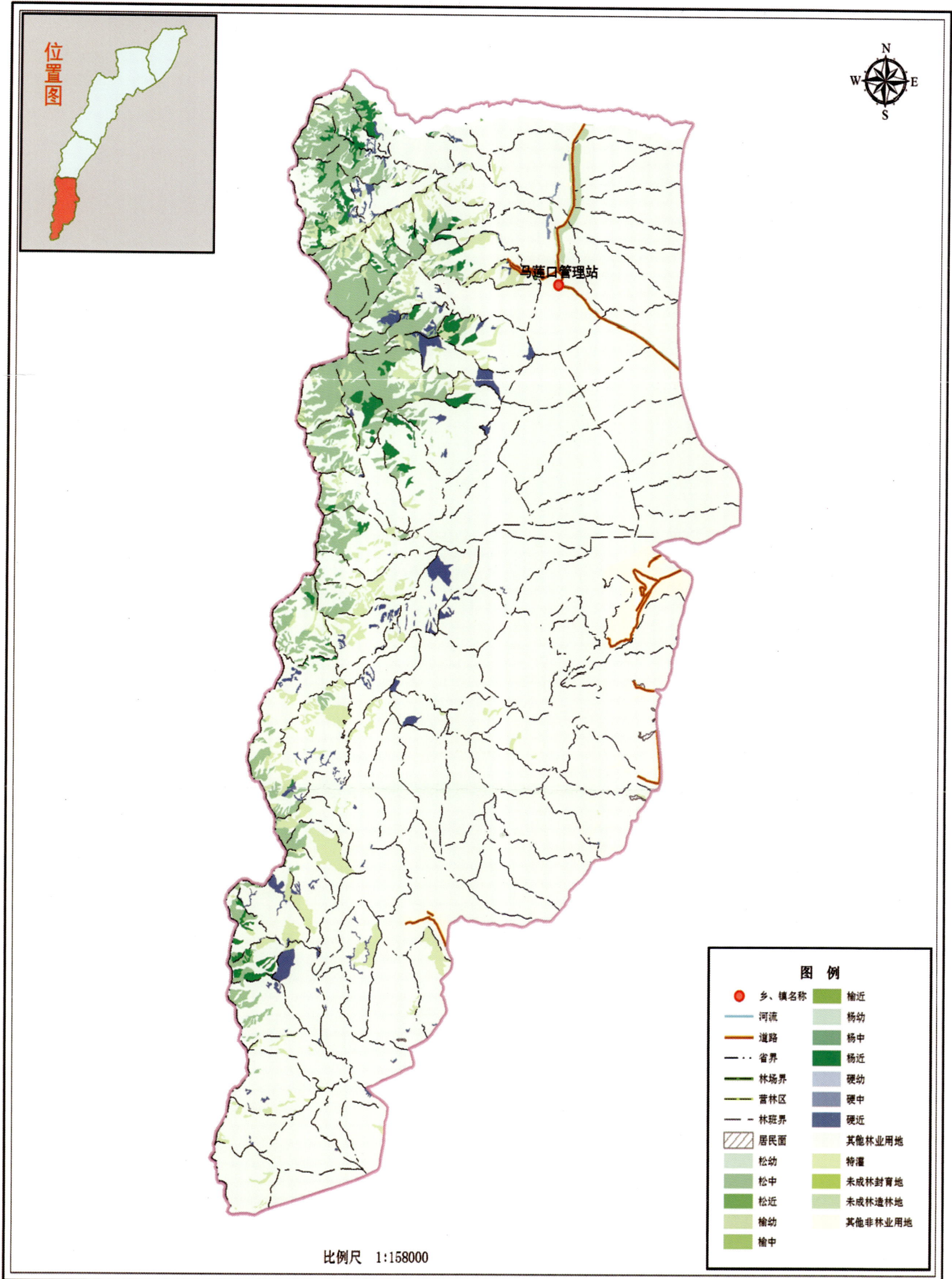

图 例

●	乡、镇名称		榆近
	河流		杨幼
	道路		杨中
	省界		杨近
	林场界		硬幼
	营林区		硬中
	林班界		硬近
	居民面		其他林业用地
	松幼		特灌
	松中		未成林封育地
	松近		未成林造林地
	榆幼		其他非林业用地
	榆中		

比例尺 1:158000

宁夏贺兰山红果子管理站林相图

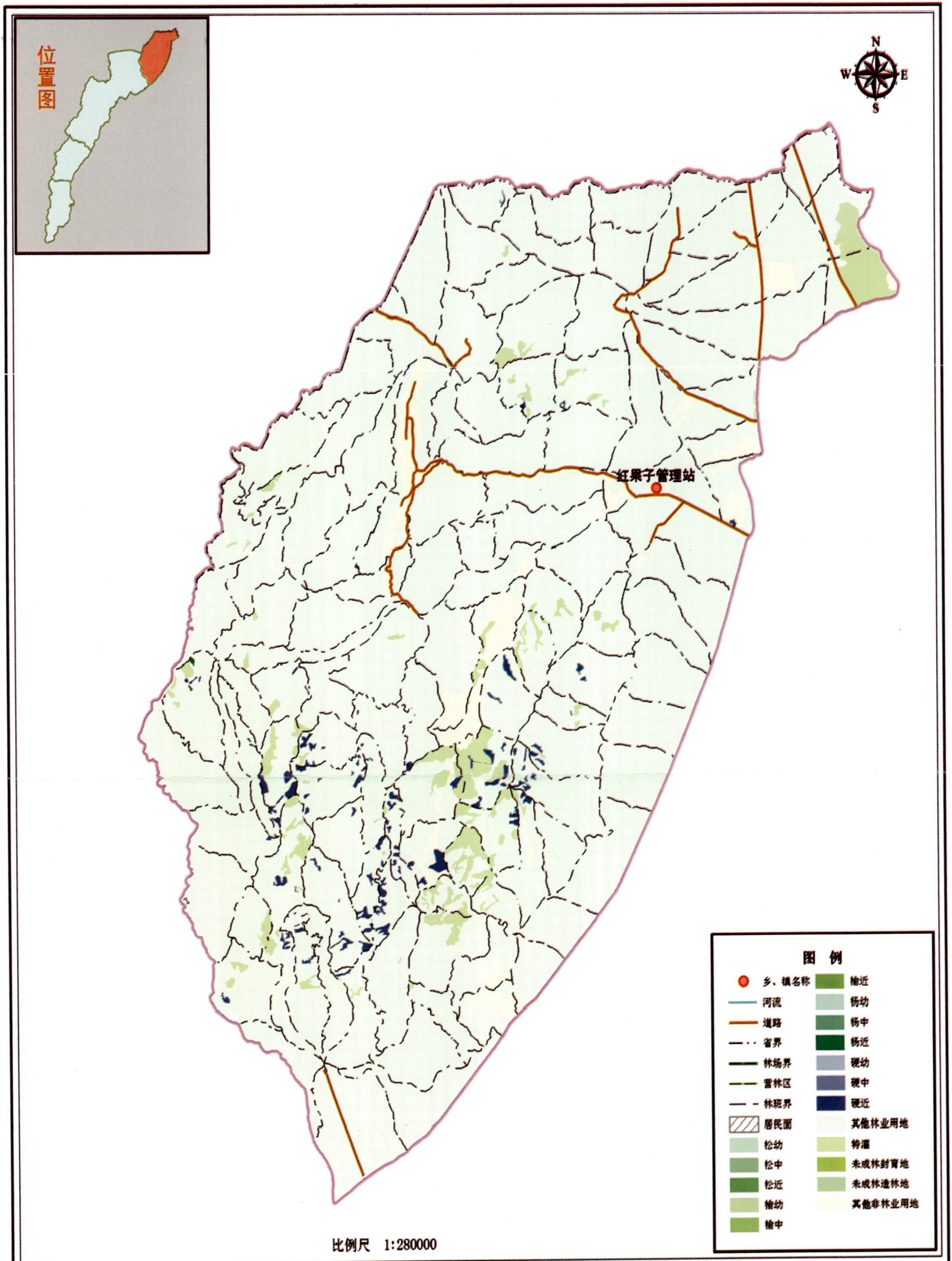

位置图

红果子管理站

图 例

乡、镇名称	榆近
河流	杨幼
道路	杨中
省界	杨近
林场界	硬幼
营林区	硬中
林班界	硬近
居民圈	其他林业用地
松幼	特灌
松中	未成林封育地
松近	未成林造林地
榆幼	其他非林业用地
榆中	

比例尺 1:280000

本图依据 2007 年森林资源二类调查成果编绘成图，不作为行政勘界的依据。　　　　宁夏回族自治区林业调查规划院绘制　　　　调查单位:宁夏回族自治区林业调查规划院